我想知！圖解十萬個為什麼 動物篇

德瑞克・哈維 著

新雅文化事業有限公司
www.sunya.com.hk

Penguin Random House

新雅・知識館
我想知！圖解十萬個為什麼
（動物篇）
作者：德瑞克・哈維
(Derek Harvey)
翻譯：張碧嘉
責任編輯：劉紀均
美術設計：蔡學彰
出版：新雅文化事業有限公司
香港英皇道499號北角工業大廈18樓
電話：(852)2138 7998
傳真：(852)2597 4003
網址：http://www.sunya.com.hk
電郵：marketing@sunya.com.hk
發行：香港聯合書刊物流有限公司
香港荃灣德士古道220-248號荃灣工業中心16樓
電話：(852)2150 2100
傳真：(852)2407 3062
電郵：info@suplogistics.com.hk
版次：二〇二〇年七月初版
二〇二三年六月第三次印刷

ISBN:978-962-08-7486-4
Original Title: *Do you know about Animals?*

18/F, North Point Industrial Building, 499 King's Road, Hong Kong
Published in Hong Kong SAR, China
Printed in China

For the curious
www.dk.com

目錄

哺乳類

鳥類

水生動物

無脊椎動物

爬行類與兩棲類

哺乳類

哺乳類動物是恒溫動物，身上通常都長有皮毛。
所有哺乳類的媽媽都會分泌乳汁來餵養牠們的幼兒。

為什麼狼會羣居？

狼是很有技巧的捕獵者。牠們有鋒利的牙齒，咬力強勁，而且非常狡猾。然而，牠們還有一種致命絕招：團隊合作，狼會成羣地出沒捕獵，合作獵殺大型的獵物。

考考你

1 狼羣裏通常有多少隻狼？

2 兩羣狼遇上的時候，會發生什麼事？

3 為什麼狼會對天嚎叫？

請翻到第138頁查看答案。

還有哪些動物會成羣地捕獵？

獅子

大部分貓科動物會獨自捕獵，但雌性獅子喜歡結隊而上。牠們會從四面八方偷偷潛近獵物，當獵物想要狂奔逃走的時候，很大機會會直接遇上其中一隻獅子，然後其他獅子就會一起助攻，把獵物帶回家。

座頭鯨

座頭鯨會成羣地在小魚羣下出沒，形成水泡網，將小魚羣緊緊地趕在一起，然後座頭鯨會張開嘴巴高速地向上游，一下子吃得滿口都是魚。

為什麼老虎有條紋？

老虎在金色的毛中間雜着一些幼黑條紋，與身邊的長乾草融為一體。有了這種保護色，老虎可以輕易接近目標而不被發現，所以要捕獵大餐就只需迅速的出擊。

你能看見這些隱藏的動物嗎？

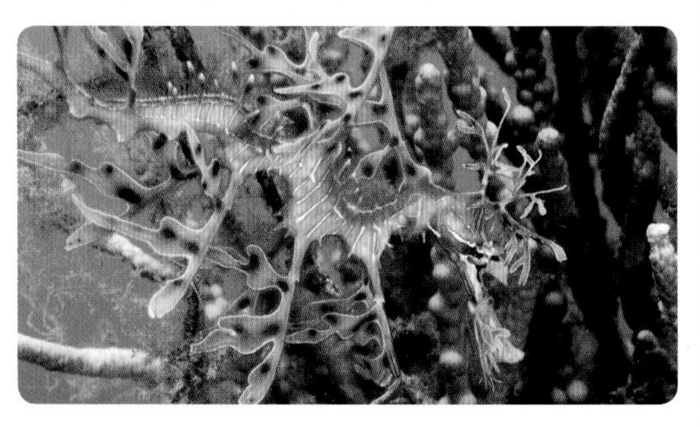

葉形海龍

這條魚是海馬的近親，身上長有像葉子的物體，可以隱藏在海草之中。

葉尾壁虎

這條蜥蜴的皮膚像樹皮一樣，牠們只要靜待在樹枝上，就可以出奇不意地捕獵昆蟲。

閃爍的耳朵

老虎除了在身上有黑色條紋，有些在耳朵上會有白點，這白點會讓小老虎在乾草中也能跟隨母親的步伐。

直紋

黑色條紋會讓人看不清楚老虎的體型，所以有時老虎與獵物距離很近，但獵物也看不見牠們。

金色保護

大部分老虎的皮毛都是橙色的，這跟乾草的金黃色或森林裏落葉的顏色很似。

考考你

1 什麼是「保護色」？

2 其他貓科動物有條紋嗎？

3 為什麼斑馬會有條紋？

請翻到第138頁查看答案。

飛蛾

蝙蝠會捕獵各種飛行的昆蟲，不過肥美的飛蛾特別美味。

蝙蝠怎樣在黑暗中覓食？

蝙蝠在晚上飛行，通常都會吃會飛的昆蟲。但牠們到底如何在黑暗中覓食呢？既看不見，亦嗅不到，也聽不見。牠們的秘技就是發出嘀嗒的聲音，然後留心聽聽從細小獵物身上反彈的回聲，這稱為回聲定位。

? 考考你

1 蝙蝠能看見嗎？

2 蝙蝠如何發出嘀嗒聲？

3 所有蝙蝠都吃昆蟲嗎？

請翻到第138頁查看答案。

回聲定位的運作

蝙蝠發出的聲頻太高音，人類是聽不見的，但蝙蝠的耳朵卻能從飛行昆蟲身上或障礙物反彈的回音判斷路向。

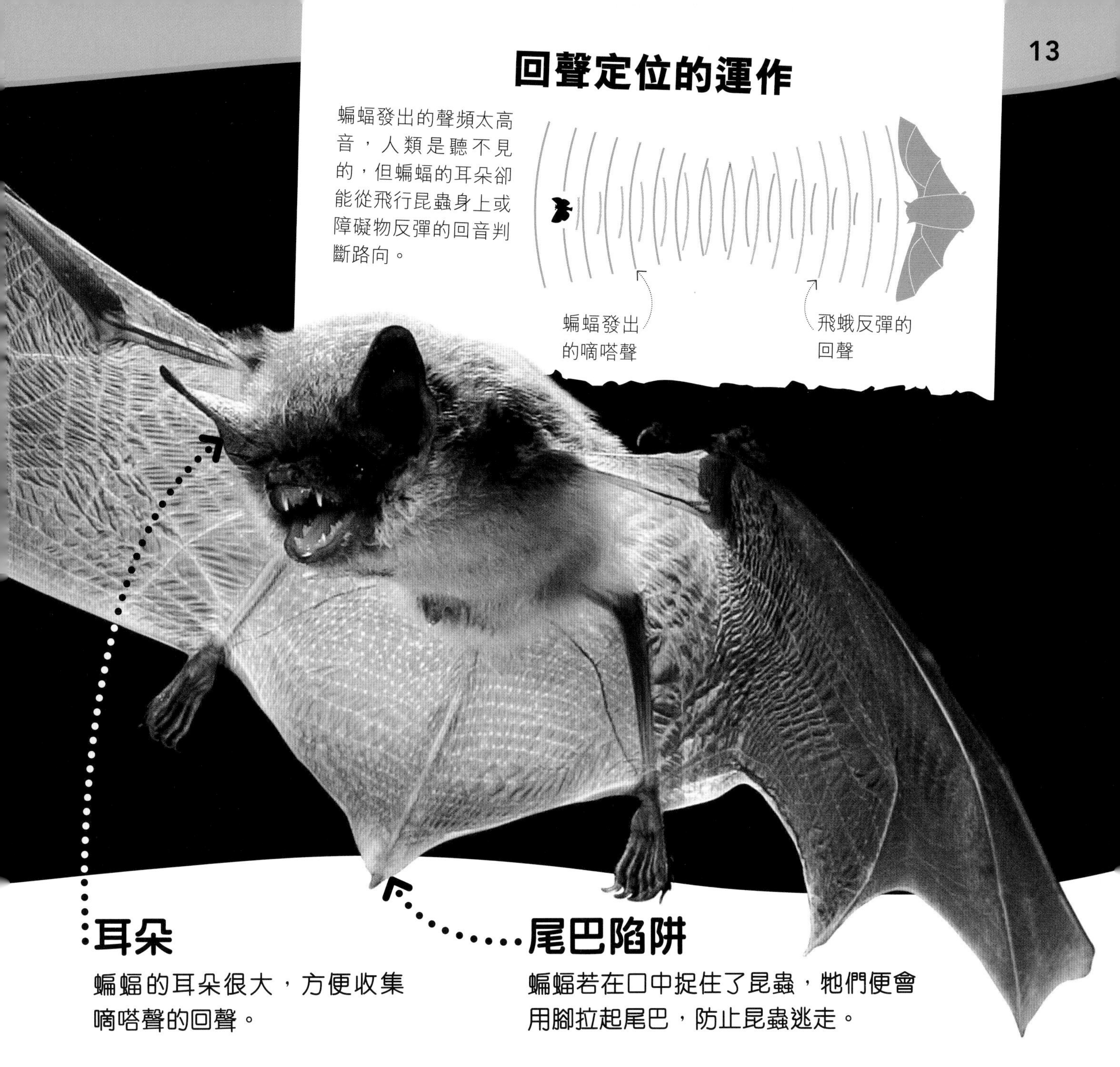

耳朵

蝙蝠的耳朵很大，方便收集嘀嗒聲的回聲。

尾巴陷阱

蝙蝠若在口中捉住了昆蟲，牠們便會用腳拉起尾巴，防止昆蟲逃走。

其他動物也會運用回聲定位嗎？

海豚

海豚可以在噴孔下的氣囊裏發出口哨聲和嘀嗒聲，這是海豚間溝通的方法，也可以在昏暗環境時用作回聲定位，牠們在覓食時也會聆聽來自小魚身上反彈的回聲。

油鴟

油鴟白天都在洞穴裏睡覺，到晚上才會起來用回聲定位飛行。回聲能防止油鴟之間在黑暗的空中相撞，讓牠們能順利離開洞穴吃果子。

什麼是長牙？

試想像一下，你的牙齒一直在生長，以致長到你的口外面。海象牙就是一對巨大的犬齒，由上顎向下、並彎彎的向後生長。海象牙跟象牙一樣，都是由象牙質這種硬物質形成的。

象牙是所有牙齒中最大的。

所有長牙的形狀都相同嗎？

鹿豚

有些豬隻的長牙由下顎向上生長，在熱帶豬隻鹿豚口裏的長牙彎曲得特別厲害。

獨角鯨

大部分動物的長牙都是彎彎並長成一對的，但海豚的近親——獨角鯨的長牙只有一隻，而且是直的。

炫耀

體型較大的海象會欺負體型較小的海象，為了得到最佳的休息位置，牠們會抑起頭來炫耀自己的長牙。

觸鬚

海象不會用長牙來挖掘食物，而是用敏銳的觸鬚在泥裏找出蛤蜊來吃。

長牙

海象會用長牙在冰面上鑿洞來呼吸，或掛在冰塊上在水裏睡覺。

考考你

1 野生海象居住在哪裏？

2 為什麼海象的皮膚那麼厚？

3 為什麼雄性海象的長牙比雌性海象的長牙更大？

請翻到第138頁查看答案。

長頸鹿低頭時，會感到暈眩嗎？

當人類彎下腰來又急速站起時，因為腦中的血液突然一來一回的，可能會感到暈眩。由於長頸鹿長得像房子那麼高，牠們的頸部有特別的血管來阻止這樣的情況發生。

將心比心

長頸鹿需要一個很大的心臟才能把血液泵上牠們的長頸。

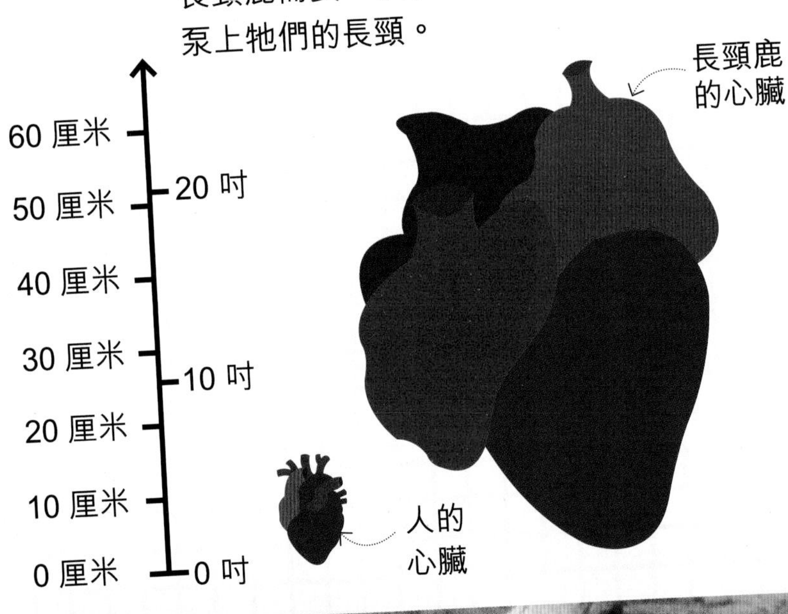

長頸鹿可以長成6米高，是陸地上最高的動物。

長頸

長頸鹿低頭時，血管裏有特別的瓣會關起來，防止血液太快和過量地流向大腦。

頭顱後

長頸鹿頭顱後有許多小管，就像海綿一樣，可以在長頸鹿低頭時減少血液流量。

長腿

長頸鹿的腿很長，所以低頭後仍要將腿向外打開，才能喝到地上的水。

? 看圖小測驗

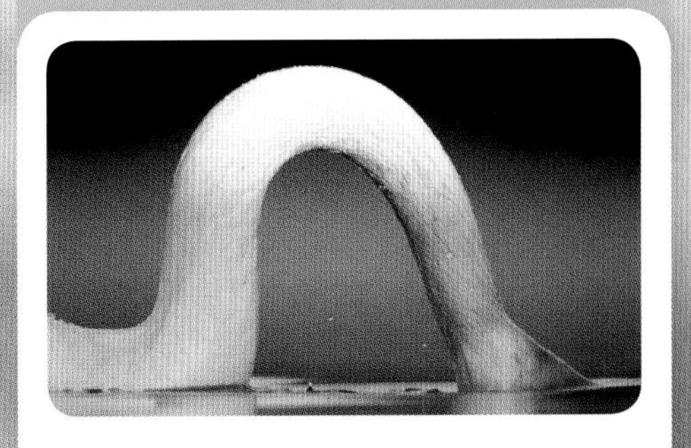

這是哪一隻長頸動物？

請翻到第138頁查看答案。

為什麼有些動物的頸會那麼長？

長頸羚

這隻非洲長頸羚吃樹葉的時候需要伸長脖子，甚至用後腳站起來。

長頸象鼻蟲

雄性長頸象鼻蟲在爭奪雌性時，會用牠們的長頸互相打鬥。

哺乳類會生蛋嗎？

大部分的哺乳類動物都是胎生的，但澳洲的鴨嘴獸和針鼴卻是卵生的。這些卵生的哺乳類動物稱為單孔目動物。牠們會為蛋保溫，直至蛋孵化成沒有毛髮和暫時沒有視力的嬰兒。嬰兒的母親會以母乳哺育，就像其他哺乳類動物一樣。

像鴨嘴的喙

鴨嘴獸有一個膠質的喙，用來鏟起蟲和蝦來吃，雌性鴨嘴獸需要吃這些食物，才有足夠的能量來提供哺乳所需的乳汁。

以蛋比蛋

鴨嘴獸蛋通常平均都比雞蛋小一半以上。鴨嘴獸蛋大約在生下來10天後就會孵化。

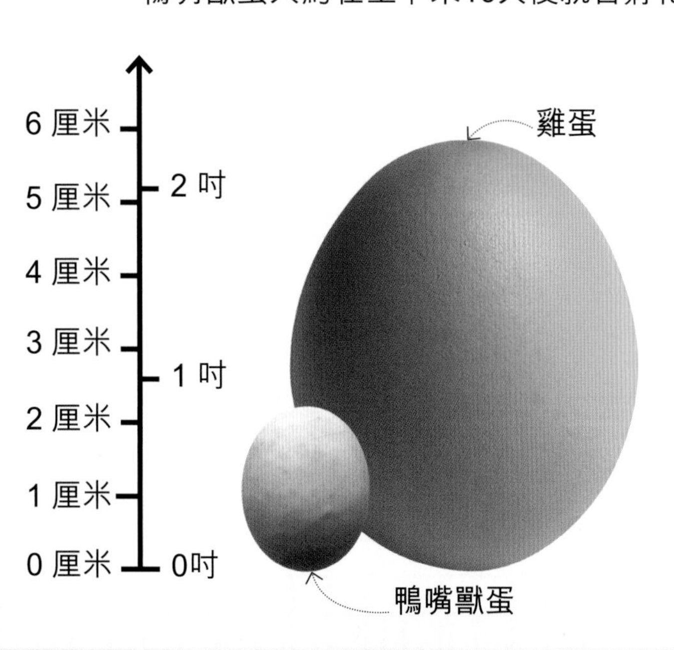

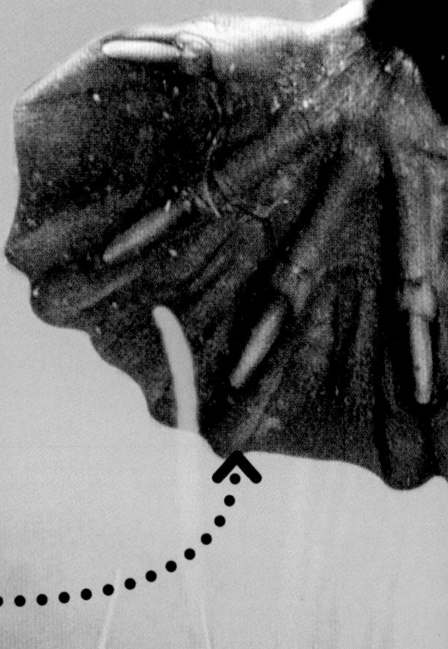

四肢

鴨嘴獸的腳有蹼，方便牠們在水裏游泳。雄性鴨嘴獸在腳踭上有一條有毒的尖刺，用來自衛和爭奪雌性。

其他哺乳類動物如何照顧幼兒？

有袋類動物

大部分的有袋類動物會把孩子放進袋中。有袋類動物的嬰兒出生時體形很小：新生的袋鼠只有一顆花生般大小，幼兒會留在母親的袋中，喝牠們的奶來成長。

胎盤哺乳類動物

胎盤哺乳類動物例如豬，牠們的嬰兒會留在母親的子宮裏，直至長大一點才出生。母親體內會形成胎盤——一個特別的器官在子宮裏為嬰兒提供所需的營養。

看圖小測驗

貓是單孔目、有袋類，還是胎盤哺乳類動物？

請翻到第138頁查看答案。

柔軟的毛

鴨嘴獸的短毛是防水的，讓牠們和在河岸地洞的鴨嘴獸蛋保持温暖。

血管
大象的耳朵有許多血管，溫暖的血液流過時就可以從耳朵表面散熱。
象鼻
大象的鼻子是很重要的工具。大象會用鼻子來嗅氣味、觸摸東西和呼吸，還用來往自己身上噴水以降溫。
耳朵
大象用耳朵有如扇子一般。揮動耳朵能令大象感到清涼。

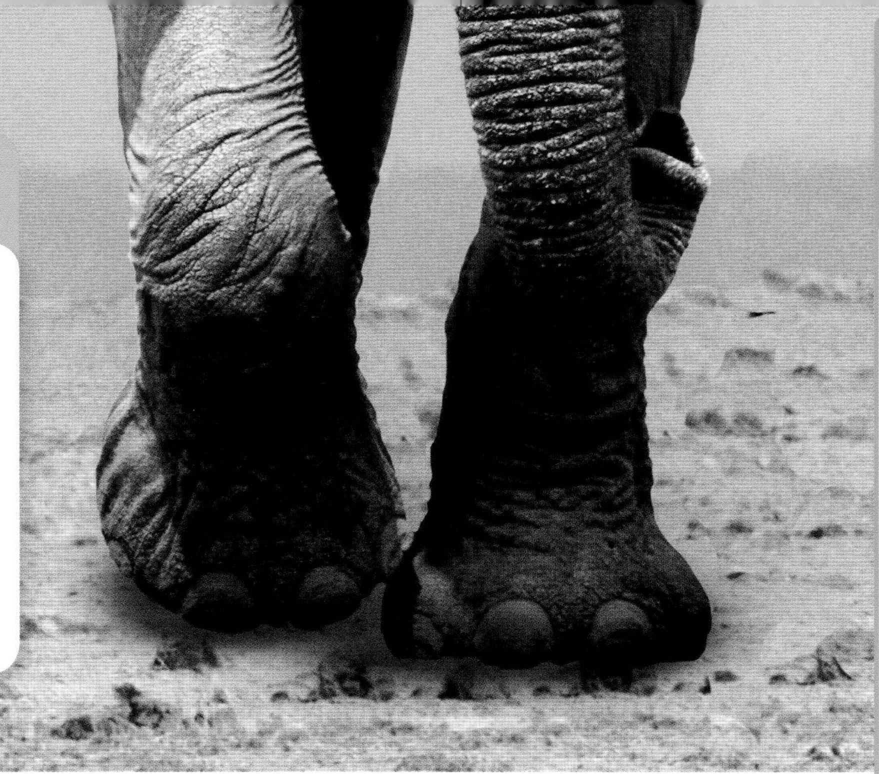

考考你

1 野生大象居住在哪裏？

2 大象的壽命有多長？

3 「母象」是什麼？

請翻到第138頁查看答案。

為什麼大象的耳朵那麼大？

大象是陸地上最龐大的動物，在熱帶的太陽下牠們會感到非常炎熱。非洲象的大耳朵有助消除因其龐大身體而產生的熱力。

其他動物如何降溫？

印度犀牛

在清涼的泥濘裏翻滾是最涼快的。很多如犀牛般擁有厚皮的哺乳類動物都喜歡這樣在炎熱的日子降溫。

鏟吻蜥

這隻非洲蜥蜴以獨特的方法來防止腳掌在灼熱的沙粒上燒傷，牠們會輪流舉起腳掌，以減少每隻腳掌接觸地面的時間。

駝峯裏有什麼？

　　駱駝有特別的身體構造助牠們於沙漠中生存。你可能為了要找到食物或水而走很遠的路，但這對駱駝來說卻不是問題，因為駱駝的駝峯裏有足夠的脂肪，可以讓牠們生存3星期。水也不是問題，因為當有水源的時候，駱駝可以在10分鐘內喝下整個浴缸的水。

眼睫毛

沙漠中經常有沙塵暴，長長的眼睫毛有助阻擋沙塵進入駱駝的眼睛。

鼻孔

駱駝的鼻孔可以閉合起來防止沙塵進入鼻子。

每個駝峯可以承載35公斤的脂肪。

誰可以最長時間不吃東西？

鱷魚

鱷魚可以吞下巨大的獵物，甚至連骨骼、角和蹄都能消化。吃下這樣一頓大餐後，牠們可以幾個月不用進食，然後才再大開殺戒。

洞螈

這隻奇怪的白色蠑螈住在歐洲寒冷和黑暗的水洞穴中。牠們可以數年不吃東西，而且壽命可以有100年或以上。

軟塌的駝峯

如果駱駝沒有進食，便會開始消耗駝峯裏的脂肪，駝峯便會開始變得扁小！但當駱駝吃飽後，駝峯又會變得飽滿。

正常的駝峯　軟塌的駝峯

駝峯

雙峯駱駝有兩個駝峯，單峯駱駝只有一個。

對或錯？

1 駱駝可以用駝峯中儲水。

2 澳洲有許多駱駝。

3 駱駝保護自己的時候，就會吐口水。

請翻到第138頁查看答案。

豪豬可以射出身上的刺嗎？

豪豬（又稱箭豬）不能發射身上的刺，其實牠們也沒有必要這樣做。當憤怒的豪豬進行攻擊時，就連最飢餓的捕獵者也不敢靠近，因為如果靠得太近，豪豬的長刺會深深地刺入捕獵者的肉中。

看圖小測驗

什麼動物剛剛遇上了豪豬？

請翻到第138頁查看答案。

警惕的獅子

即使是像獅子般大型的捕獵者，也會對豪豬的尖刺份外警惕，因為只要被一條刺刺中，也會非常痛苦。

其他動物有什麼另類的自衛方法？

臭鼬鼠

臭鼬鼠身上的黑白顏色提醒捕獵者要遠離牠們。如果靠近牠們的動物一不留神，便會受到臭氣沖天的攻擊。因為當臭鼬鼠受到威脅時，牠們會倒着身子，由屁股附近的腺體噴出很臭的液體。液體除了以臭味嚇退敵人，若然液體射中敵人眼睛，也可以使捕獵者看不見牠們。

犰狳

犰狳受攻擊時，實在無力還擊。然而，牠們皮膚下有一層像骨般的磷片，可以形成一個盾，保護牠們的背部和頭部。犰狳還可以圈起來像球體一樣，這樣牠們的盔甲就能保護牠們柔軟的肚部。

豪豬的針刺也可以致命！掠食者若是受到刺傷，有機會因傷口感染而死亡。

豎起來

豪豬可以豎起針刺，就像許多哺乳類動物可以豎起毛髮一樣。這樣會讓牠們看起來更大更可怕，嚇怕想攻擊牠們的捕獵者。

發出警告

豪豬尾巴上的針刺是空心的，所以牠們搖動尾巴時會咯咯作響，發出警告的聲音。

猴子如何在大樹間盪來盪去？

猴子可以用手腳抓住樹枝來爬樹，但不是所猴子都有那份額外的天賦，可以在樹枝之間盪來盪去。有些南美洲猴子例如蜘蛛猴，靠着尾巴來抓住樹枝就可以做到，牠們的尾巴就像「第5隻手」，幫助猴子在樹間寬闊的空隙中來回跳盪。

蜘蛛猴因為其幼長的四肢與尾巴很像蜘蛛而得名。

勾住樹枝

蜘蛛猴的尾巴是專用來抓住東西的，尾巴上還有一處像手掌皮膚般的表面，使牠們能把樹枝抓得更緊。

長臂

蜘蛛猴的手臂很長，方便牠們吊在樹枝上，令牠們的飛躍特技比其他猴子更厲害。

哪些動物以不同的方式穿梭樹林？

長臂猿

長臂猿來自東南亞，是最厲害的盪樹高手。牠們的手像勾子，加上雙臂特別有力，使他們可以自如地穿梭森林。

冕狐猴

來自馬達加斯加的冕狐猴有強壯的雙腿，方便牠們在樹間跳躍，牠們會用手抓住樹幹，以及用尾巴保持平衡。

長手指

蜘蛛猴有很長的手指用來勾住樹枝，而兩腳上都有各一隻大拇趾用來抓住樹枝。

考考你

1 所有猴子的尾巴都是用來抓住東西的嗎？

2 誰在樹間盪得最快？

3 為何猴子的手或腳能抓住樹枝抓得那麼好？

請翻到第138頁查看答案。

為什麼獅子的牙齒如此鋒利？

吃肉為主的動物需要有像刀般鋒利的牙齒。獅子有尖銳的牙齒，可以輕易刺進大水牛硬韌的皮肉中。

犬齒

獅子一口咬在獵物的頸上，牠們的前犬齒便會使獵物窒息。

裂肉齒

獅子有強勁的裂肉齒，齒邊鋒利，可以像鋒刃般撕開獵物。

肉食性動物的牙齒
肉食性動物的牙齒很尖，牠們的顎部肌肉發達，可以兇猛地噬咬作攻擊。

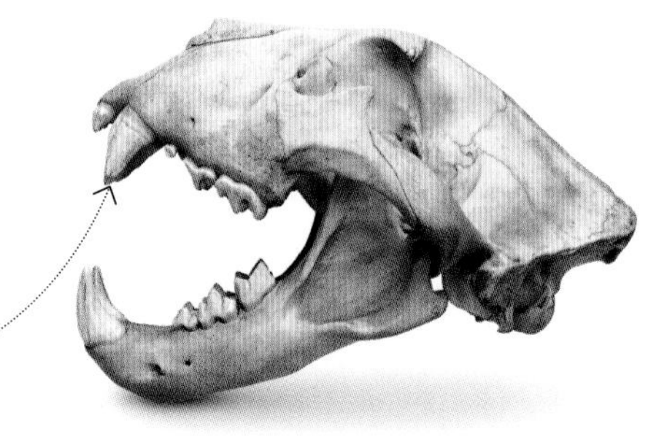

草食性動物的牙齒
草食性動物的牙齒是平頂的，但上面有鋒利的脊痕，可以磨碎堅韌的葉子。

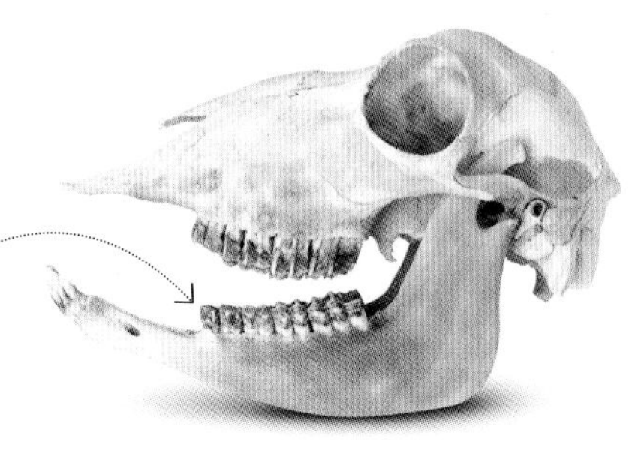

粗糙的舌頭

獅子的舌頭上佈滿小鈎，方便牠們從骨頭上把肉刮下來。

所有肉食性動物的牙齒都一樣嗎？

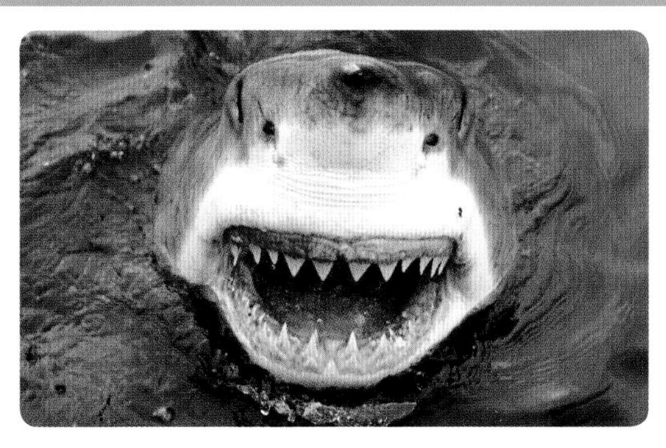

大白鯊

大白鯊的每一隻牙齒都是鋸齒狀的，方便切割和咬開食物。大白鯊跟其他哺乳類動物不一樣，因為牠們失掉的牙齒會自然再生出來。牠們寬闊的顎骨也非常有力。

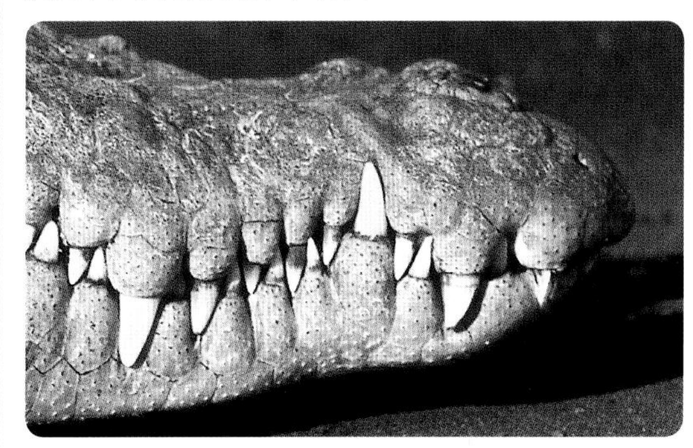

鱷魚

鱷魚的尖牙是用來刺穿獵物的，但卻不太能撕開食物。鱷魚要用力咬緊的雙頜，然後扭轉自己整個身體才能把獵物撕開。

? 看圖小測驗

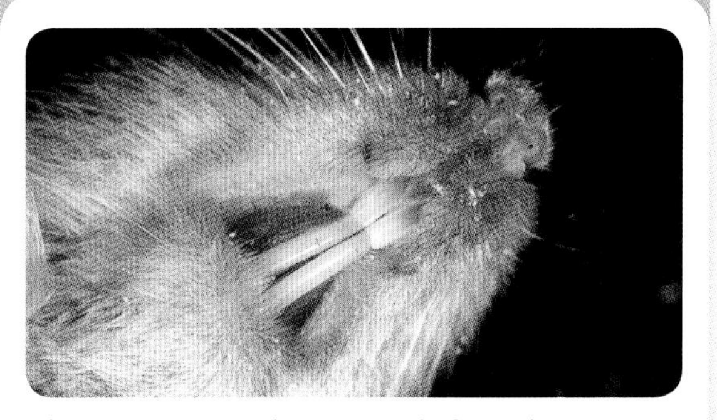

這些牙齒是屬於哪一種動物的？

請翻到第138頁查看答案。

為什麼狐獴會用後腳站立？

假如你只有松鼠般的大小，又住在陸上，你便要盡力站到最高，以留意四周的動靜。狐獴會用後腳站立，眺望遠處的危機，也偶爾享受一下陽光！

狐獴會輪流負責看守一小時。

考考你

1 狐獴如何示意附近有危險？

2 狐獴遇上危險時如何逃走？

3 整羣出沒的狐獴裏，彼此之間都是有血緣關係嗎？

請翻到第138頁查看答案。

後腳

狐獴平常用4隻腳走路，但牠們很擅於用2隻後腳來站立。

眼睛

狐獴的視力很強，可以看見遠處的獵食者。成年的狐獴會負責為自己的羣體作哨兵，注意到有危險的時候就會彼此通知。

吸熱效能

狐獴胸前有一片光滑的黑色皮膚，當牠們曬太陽時有效吸收熱能。

哪些動物遇上危險時會彼此提醒？

長尾猴

長尾猴可以爬得很高，能看見很遠的危機。牠們遇見蛇、鷹或豹會用不同的信號來通知其他猴子。

編織蟻

若然編織蟻的蟻巢受到攻擊，牠們便會釋出一種特別的化學物質費洛蒙，提醒其他編織蟻。

鼴鼠是失明的嗎？

星鼻鼴的鼻子上有25,000個觸覺感應神經。

鼴鼠的眼睛很細小，但不是失明的。牠們只是看得不太好。畢竟如果你一輩子都住在黑漆漆的隧道裏，敏銳的觸覺還是比較重要，鼴鼠其實更是捕捉小蟲的專家。

哪些動物是真的失明？

金毛鼴鼠

來自南非的金毛鼴鼠跟其他深色的鼴鼠其實沒有關係，牠們的眼睛被皮膚覆蓋，所以什麼都看不見。

墨西哥麗脂鯉

超過100萬年前，有些墨西哥麗脂鯉游進海底的洞穴中，結果牠們一直留在黑暗裏，於是便失去了眼睛，再也不能看見事物。

挖土的爪子

在完全黑暗的環境中，鼴鼠會用牠們的大爪像鏟子般挖開泥土。

小眼睛

鼴鼠的眼睛大約只有1毫米闊，牠們的眼睛可能可以感應到光暗、動態和一些顏色，但不能看得很清楚。

鼻尖觸手

北美星鼻鼴的鼻子上有22條可以扭動的觸手，對感應微小的獵物非常敏銳。

考考你

1 鼴鼠的皮毛有什麼特別之處？

2 「鼴鼠山丘」是什麼？

3 鼴鼠每天吃多少食物？

請翻到第138頁查看答案。

狗看得見顏色嗎？

我們的眼睛有不同的顏色感應細胞，所以能看見彩虹的所有顏色，但狗比人類的顏色感應細胞要少一些，所以牠們跟我們一樣能看見藍色，但對牠們來說，紅色和綠色看起來都會跟黃色一樣。

人類能看見的顏色

狗能看見的顏色

考考你

1 哪些動物能看到很多顏色？

2 為何有些人是色盲的？

請翻到第138頁查看答案。

狗的視覺

狗能看見藍色的皮球，但其餘3種顏色的皮球對牠們而言都很相似：都是帶點黃色的皮球。

動物有與人不一樣的感應方法嗎？

蜜蜂

人類看不見紫外光，但蜜蜂可以。花上的紫外光花紋，像左二圖中深色的地方，會引導蜜蜂到採蜜的地方。

蛇

有些蛇在頭部會有特別的熱力感應細胞，有利牠們找出有體溫的獵物，例如這隻狗。

人的視覺

這女孩除了看見藍色的皮球，還可以看見其餘3種顏色的皮球：黃色、綠色和紅色。

顏色感應細胞

人類的眼睛有紅色、藍色和綠色的感應細胞。女孩用紅色和綠色的細胞便能看見黃色，也能用紅色和藍色的細胞來看見紫色。

熊會吃蜜糖嗎？

雖然熊跟肉食類的動物相似，但牠們也喜歡吃例如蜜糖般甜甜的食物。來自亞洲熱帶的馬來熊，是身型最小的熊，也是最嗜甜的熊，牠們總是要突襲搶吃蜂巢的蜜糖，就算是憤怒的蜜蜂也無法趕走牠們。

蜂巢

蜜蜂用花蜜來製造蜜糖，牠們會把蜜糖儲在蜂巢的特別儲格裏，並會叮螫入侵者以保衞蜜糖。

防螫皮膚

雖然薄皮膚有助在熱帶地區保持涼爽，但牠們的皮膚特別厚，因為要防止蜜蜂叮牠們。

考考你

1 熊是雜食性的。這句話是什麼意思？

2 哪一種熊吃肉最多？

3 哪一種熊吃竹？

請翻到第138頁查看答案。

馬來熊的舌頭是所有熊之中最長的。牠們可以用來舔食蜜糖或伸進昆蟲的巢穴，例如白蟻的巢穴。

長爪

馬來熊會運用牠們強而有力的前肢來攀爬，牠們強壯的爪子可以輕易撕開充滿蜜糖的蜂巢。

真的假的？

猴子會吃香蕉嗎？

有些猴子很愛新鮮水果，例如香蕉。牠們跟人類一樣都能看見各種顏色，所以能從顏色判斷水果是否已經熟透。

老鼠會吃芝士嗎？

老鼠很餓的時候才會吃芝士，而且並不喜歡氣味比較重的種類。牠們比較喜歡吃穀類食物，也喜歡如餅乾等的甜食。

毛茸茸的耳朵

北極熊的聽覺非常靈敏，特別是對牠們的獵物，例如海豹。

皮下脂肪

許多在寒冷環境生活的動物，例如北極熊和企鵝，皮下都有很多脂肪來保持體溫。

殺人的爪

北極熊會用爪來獵食，腳掌位置還長有特別多的毛，使牠們在冰上走動時不那麼容易滑倒。

北極熊是世上最大的陸地肉食性動物。

為什麼北極熊不會吃企鵝？

北極和南極均是終年積雪，但其實兩個地方真的是天各一方。北極位於地球最北端，也是北極熊的住處；地球最南端的南極也有其他生物例如企鵝。雖然有些企鵝住得比較北，但從來沒有企鵝住在北半球，所以北極熊和企鵝從來沒有相遇過。

什麼動物會吃企鵝？

豹海豹
豹海豹會獵食企鵝，而且在水中游得特別快，所以企鵝在海裏特別危險。

殺人鯨
殺人鯨吃企鵝肯定吃不飽，但這也無阻企鵝成為牠們的小吃！

牠們的住處

北極熊住在北極圈的陸地和浮冰上，而20種企鵝則住在南半球，包括南美洲、非洲、澳大拉西亞和南極洲。

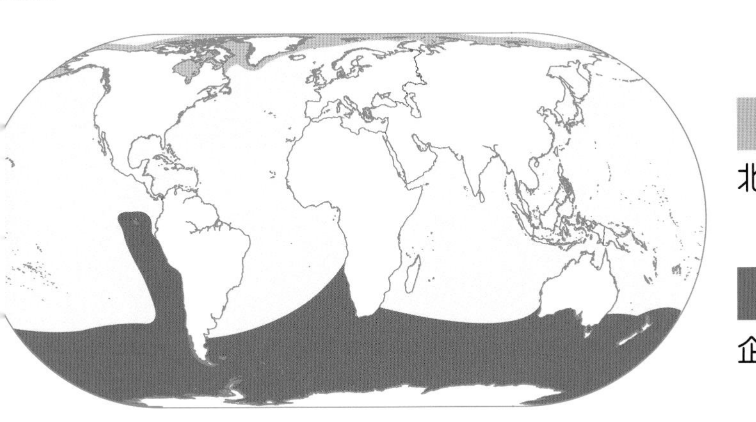

考考你

1 南極洲的陸地上有獵食企鵝的動物嗎？

2 哪一種企鵝住得最北？

3 北極有沒有一些不會飛的鳥類居住？

請翻到第138頁查看答案。

鳥類

鳥類是有羽毛的動物。大部分的鳥類都能飛，但有少數，例如鴕鳥和企鵝不會飛。

為什麼鴨子會浮？

鴨子的骨是空心的，加上體內有大量空氣，所以使鴨子比水更輕。鴨子的羽毛是油性的，因此是防水的，身體不會因弄濕而變得沉重。所以，鴨子總是浮在水面上不會下沉。

羽毛

羽毛會困住空氣，使鴨子能浮起來。

防水

鴨子尾巴附近有腺體產生油脂，這些油脂在羽毛上能達到防水的功效，使水滴落在羽毛上時會滑下來。

蹼游

在水面上，鴨子靠着有蹼的腳來向前游。

? 看圖小測驗

哪種鳥的浮力很強，牠們要俯衝進水中捕魚，否則很快便會浮起來？

請翻到第138頁查看答案。

鴨喙

鴨子會用喙把油搽到身上各處，使牠們渾身都防水。

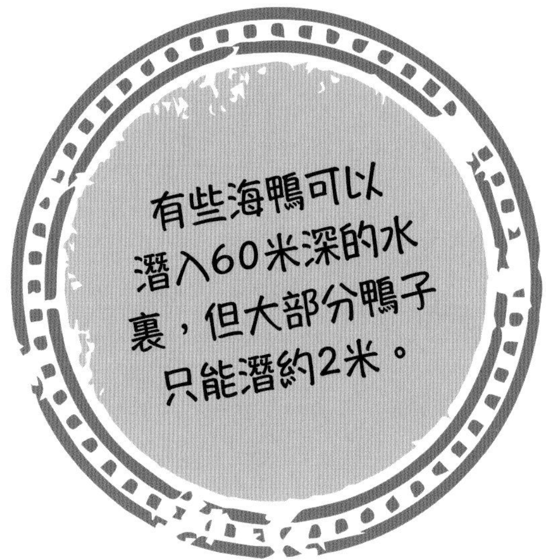

空氣浮力

鴨子像大部分鳥類一樣，體內都有些像氣球般的氣囊。這些氣囊裏載滿空氣，使鴨子變得更輕，可以浮在水上。

空心的骨

所有會飛的鳥，包括水鳥例如鴨子，骨頭都是空心的，使牠們輕一點，有助浮在水上。

動物還有哪些在水中移動的方法？

漂浮

水獺的皮毛比任何動物都要密集，因此可以鎖住暖空氣，使牠們保持浮在水面上。當牠們用背浮的時候，還可以睡覺呢。

揚帆

僧帽水母的鰾裏充滿氣體，牠們可以以此為帆浮在海面上，而牠們的觸手則在海裏游着。

為什麼紅鶴是粉紅色的？

紅鶴身上的顏色來自牠們的食物。紅鶴出生時，羽毛是灰白色的，但紅鶴居住在豐年蝦眾多的湖邊，每天吃蝦令牠們的羽毛逐漸變成粉紅色。

色彩鮮豔

每隻紅鶴身上羽毛的顏色不同，可以由淺粉紅色至深紅色，甚至鮮橙色，視乎牠們吃多少蝦。

考考你

1 為什麼紅鶴在動物園裏要吃特別餐單？

2 剛出生的紅鶴的喙跟成年紅鶴的喙有什麼分別？

3 雌性紅鶴每次會生多少隻蛋？

請翻到第138頁查看答案。

豐年蝦

豐年蝦的粉紅色也來自牠們食的水藻，是一些像植物般的微小生物。有些紅鶴也會直接吃水藻，這會令牠們的顏色變得更加粉紅。

最大的
紅鶴羣估計有
超過200萬隻。

鶴喙

紅鶴吃東西的時候，會將喙放進水裏，用舌頭把湖水推進口中，從中篩出小蝦。

腳部職責

紅鶴會用腳撥開淺水處的泥濘，使豐年蝦露出來，然後牠們會用喙來鏟起小蝦。

還有哪些動物會變成食物的顏色？

黑頭慌琉璃蟻

這些昆蟲的肚子是透明的，所以無論牠們吃什麼，例如吃了有顏色的糖水，都會從牠們透明的肚子外看得見。

海蛞蝓

這些身體柔軟的海洋生物顏色鮮豔，顏色都來自牠們的食的珊瑚和海葵。

貓頭鷹如何在晚間覓食？

貓頭鷹在黑暗中運用牠們那對非常靈敏的耳朵來覓食，牠們能從遠處就聽見動物發出最微弱的沙沙聲。當發現獵物後，牠們會靜悄悄地從天上俯衝下來，攻其不備。

安靜的翅膀

貓頭鷹的羽毛柔軟而且蓬鬆，所以牠們拍翼的時候不會因發出「呼颼」的聲音而嚇走獵物。

考考你

1 貓頭鷹怎樣吃獵物？
   a 用細小而尖銳的牙齒
   b 全隻一口吞下
   c 把牠們撕碎再吃

2 貓頭鷹幾乎可以把頭部轉動270度，因為……
   a 牠們的眼睛太大，無法轉動
   b 牠們喜歡伸展頸部
   c 牠們的背骨很短

請翻到第138頁查看答案。

清晰的聲音

老鼠傳出的聲音可能對人類來說是非常微弱，但貓頭鷹卻能清楚聽見。

疾走的獵物

貓頭鷹最愛獵食細小的哺乳類動物例如老鼠，牠們會仔細聆聽獵物在地上走動的聲音。

圓形的面部

倉鴞的面部是圓盤形的，這樣令牠們更容易收集獵物傳來的聲波，使聲音能集中傳送至牠們的耳朵。

靈敏的耳朵

貓頭鷹其中一隻耳朵的位置會稍高於另一隻，使牠們更容易找出獵物的位置。

捕獵的長爪

貓頭鷹跟其他捕獵的鳥類一樣，有很長的爪，方便抓住獵物。

夜間捕獵的動物還有甚麼特長？

敏銳的嗅覺

許多毛茸茸的哺乳類動物例如這隻歐洲獾，都會在夜間捕獵。牠們憑着敏銳的嗅覺，可以找到躲在地底下的小動物。

靈敏的眼睛

許多夜間捕獵的哺乳類動物，例如貓，在昏暗的環境中也有很好的視力。牠們的眼睛有一層特別的薄膜，可以在光線不足的環境集中和反射光線，這會讓牠們的眼睛在黑暗中看起來好像會發光。

為什麼鴕鳥不會飛？

世上最大的鳥類只是因為太重，所以無法飛行。雖然鴕鳥的翅膀大而鬆軟，但翅膀的力量不足以令鴕鳥可以飛起，反而鴕鳥是靠牠們有力的雙腿來逃跑的。

保持平衡

雖然鴕鳥的翅膀很大，但卻不夠力飛行，不過翅膀可以有助鴕鳥跑步時保持平衡。

重型裝備

跟其他飛行鳥類那些空心的骨骼不同，鴕鳥的腳有很重和堅實的骨骼，而且鴕鳥雙腿的肌肉十分結實，有利跑步和把飢餓的獵食者踢開。

對或錯？

1 鴕鳥會把頭埋在沙土中。

2 鴕鳥是跑得最快的兩腳動物。

請翻到第138頁查看答案。

保持水平

鴕鳥的頭部常常保持在同一水平高度，即使是全速跑步的時候。這讓鴕鳥有清晰視野，可以尋找同伴和留意敵人。

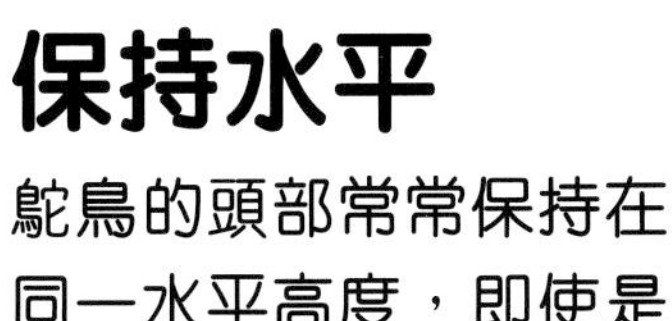

鴕鳥的眼睛是陸上動物中最大的，牠們生的蛋也是最大的。

缺失的骨頭

鴕鳥在胸骨位置少了一根支撐飛行肌肉的骨。

奔跑的雙腳

鴕鳥是唯一一種每隻腳都只有兩隻腳趾的鳥類，兩隻腳趾讓鴕鳥可以像蹄那樣着地，增加跑速。

不會飛的鳥類會怎樣？

絕種

渡渡鳥一直好好的住在模里西斯島上，直至人類踏足那片土地。由於渡渡鳥不會飛，很容易便被獵人捉住，後來便絕種了。

瀕臨滅絕

鴞鸚鵡是一種不會飛的鸚鵡，現在亦瀕臨絕種。因為鴞鸚鵡不會飛，所以躲不開一些由人類帶進牠們原本的生活環境的捕獵者，例如貓。

為什麼孔雀那麼愛炫耀？

孔雀會炫耀牠們色彩漂亮的羽毛來吸引和贏得異性的青睞。牠們會像扇子般打開羽毛，然後抖動羽毛來吸引雌性孔雀的注意。雌性孔雀會根據雄性羽毛的大小和色彩來選擇配偶。

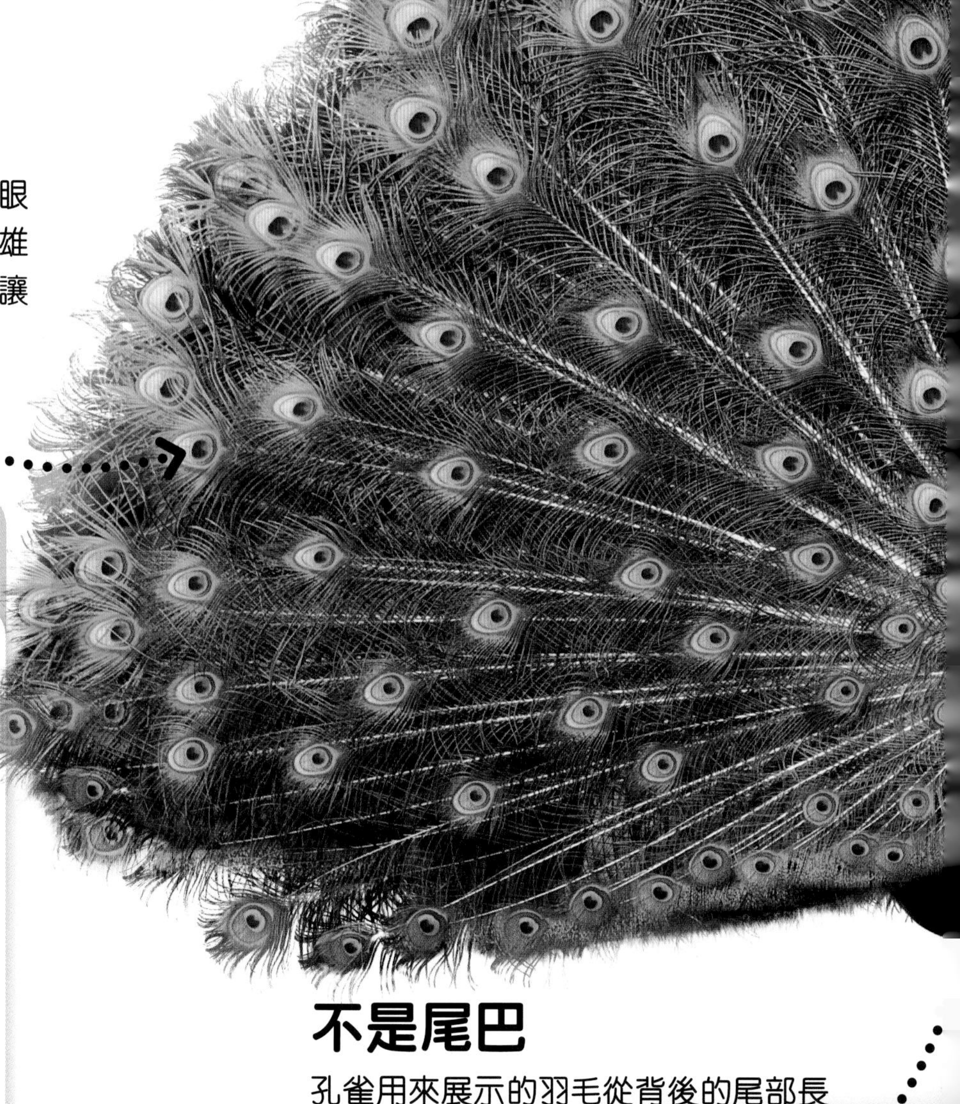

像眼睛的斑紋

這些藍綠色的斑紋，或稱「眼睛」，會引起雌性的注意。雄性會將這一面面向雌性，好讓自己被選中的機會更大。

考考你

1 哪一種雀鳥是孔雀的近親？
a 天堂鳥
b 野雞
c 鴕鳥

2 以下哪一種野生動物最可能會捕獵孔雀？
a 老虎
b 獅子
c 鱷魚

請翻到第138頁查看答案。

不是尾巴

孔雀用來展示的羽毛從背後的尾部長出來，當孔雀不展開羽毛放下來時，這些羽毛是位於孔雀的尾巴之上。

巨型展示

孔雀大約有100至150條羽毛，每條羽毛長約2米，這些羽毛已經超過孔雀身高的一半。

為什麼猩猩會捶胸？

威嚇的展現

展示不單是雄性為了吸引雌性的表現，雄性的猩猩會捶胸，是為了讓牠們看起來更兇猛，可以把入侵者嚇走。

低調融入

雌性的孔雀顏色沒雄性的那麼鮮豔，牠們負責看護鳥蛋和年幼孔雀，因為顏色沉實，沒那麼容易引起捕獵者的注意。

羽幹

羽毛的白色羽幹與藍綠色形成鮮明對比，使這些顏色份外鮮豔奪目。

經常飛行

北極燕鷗的翅膀又長又尖，有助牠們有效率地飛行，所以北極燕鷗可以輕易地作長途飛行。

為什麼鳥類要遷徙？

許多鳥類每年都會作長途飛行，為的是到有糧食的地方過冬，以及夏天到適合的地方繁殖，稱為遷徙。北極燕鷗的遷徙路徑是已知的動物中最遠的，牠們每年都會由北極圈往返南極洲。

遷徙路徑

北極燕鷗在秋天時由北極圈開始向南飛，到達南極洲時剛好是那裏的夏天。南極洲秋天的時候，牠們又向北飛回北極圈。

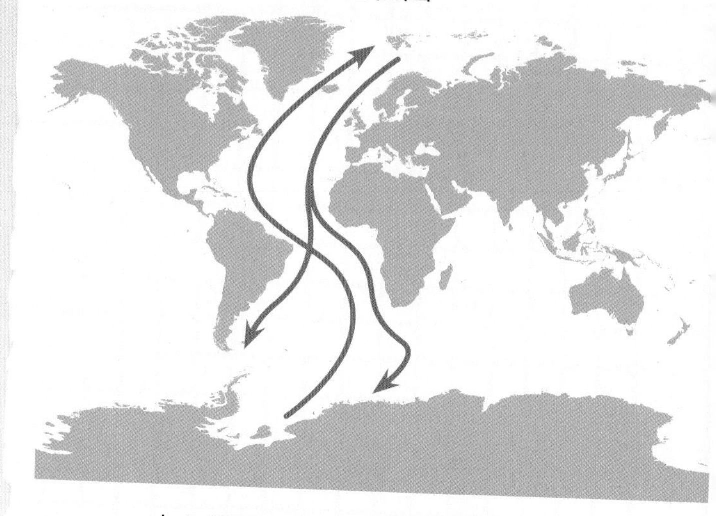

在北方繁殖

北極燕鷗在北極圈的夏天（5月至8月）繁殖和養育幼鳥，因為那裏有充足的糧食來餵養牠們。

在南方休息

11月至2月時，北極燕鷗會在南極洲休息，這時是南極洲的夏天，會有很多魚作糧食。

長途飛行

北極燕鷗一生平均的飛行距離，大約等於來回月球的距離。

其他動物會遷徙嗎？

帝王斑蝶

秋天的時候，這種來自美國的蝴蝶會向南遷徙幾千公里，到達較溫暖的地方過冬。

北美馴鹿

這種北美的馴鹿每年會一大羣地遷徙約5,000公里，是陸上遷徙最遠距離的動物。

補足能量

北極燕鷗的能量來自牠們吃的魚，當北極燕鷗向南飛往南極洲時，會在岸邊的海裏捕魚；強烈的風力會令回北極圈的北行之旅快一點。

? 考考你

1 為什麼有些鳥類會遷徙，有些則不會？

2 遷徙的路徑只有向南和向北嗎？

3 遷徙一定是在不同的季節發生嗎？

請翻到第138頁查看答案。

為什麼鳥類睡覺時不會掉下來？

出乎意料的是，原來樹頂正正是雀鳥最安全的睡覺之處。當雀鳥在樹枝上棲息時，牠們的腳趾會自動地捲起來鎖住樹枝，即使牠們睡着了，也絕不會鬆開腳趾。

睡覺的眼睛

雀鳥睡覺的時候會打開一隻眼睛，有半個腦袋是保持警覺的狀態，而另一半就休息。

看圖小測驗

哪一種雀鳥即使是飛行的時候也能睡覺？

請翻到第138頁查看答案。

蓬鬆的羽毛

有些雀鳥在睡覺的時候會把羽毛鬆起來，以保持温暖。

緊扣樹枝的原理

當雀鳥在樹枝上棲息時會屈曲牠們的腳，這時牠們連接着肌肉和骨骼的筋腱就會自動拉起來，使腳趾以捲曲的姿勢扣實樹枝。只要雀鳥的腳一直屈曲，那麼牠們的腳趾也會一直保持扣住樹枝。

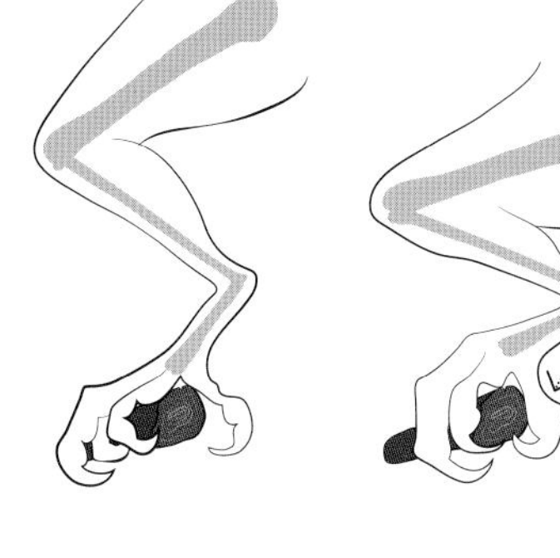

雀鳥如何抓住樹枝

捲曲的腳趾

大部分在樹上棲息的雀鳥都有3隻腳趾向前，1隻腳趾向後的構造。但例如這些來自南美的鸚鵡，則只有2隻腳趾向前，1隻腳趾向後。

馬怎樣睡覺？

站立

馬可以站着睡覺，因為牠們可以鎖實膝蓋。許多大型的哺乳類動物都會這樣做，因為若然附近有危險，也能盡快逃走。

哪種鳥築的巢最完美？

雀鳥是築巢專家，把葉柄和草葉編織成杯型或籃子，然後在裏面下蛋。來自亞洲的雄性黃胸織布鳥會用牠們強壯的喙來築出令人驚歎的鳥巢。

吸引異性

雄性的黃胸織布鳥會用牠們專業的編織技術築巢，吸引飛過的雌性織布鳥選擇在他的巢中下蛋。

掛在樹上

黃胸織布鳥會把巢掛在樹枝上，以遠離會偷蛋和幼鳥的捕獵者。

考考你

1 哪一種鳥築的巢最小？

2 所有的雀鳥都會築巢嗎？

3 還有哪些動物會築巢？

請翻到第138頁查看答案。

一起完成

如果雌性織布鳥喜歡這個鳥巢，便會與雄性織布鳥一起完成進入鳥巢的入口。

舒適角落

雌性織布鳥會在鳥巢一處加上羽毛，使這個角落更為柔軟，適合下蛋和讓幼鳥生活。

雀鳥還會建什麼？

築園子來交配

在澳洲的雄性園丁鳥會用草和樹枝來築起像園子的陰涼處，以贏得異性芳心。牠們最後會用色彩繽紛的物件來裝飾園子，然後等雌性園丁鳥路過。如果雌性喜歡這園子，便會與牠交配。

泥巢

燕子會用口叼來泥濘，將之塑造成杯形，泥濘乾掉後會形成一個堅硬的鳥巢。這鳥巢通常會掛在牆上或屋頂。

為什麼企鵝在冰雪中生活也不結冰？

南極洲是世界上最寒冷的地方，你的腳趾也隨時會結冰。皇帝企鵝在冰天雪地的環境下自有一套生存方式，牠們有很厚的毛皮，也會圍在一起取暖。

擋風屏障

企鵝的繁殖羣有時會躲在冰崖下避開寒風的直接吹襲。

圍在一起

皇帝企鵝和牠們的孩子會整羣圍在一起取暖，使體溫沒那麼容易流失。牠們面向圈內，背着寒風，並輪流負責站在外圍。

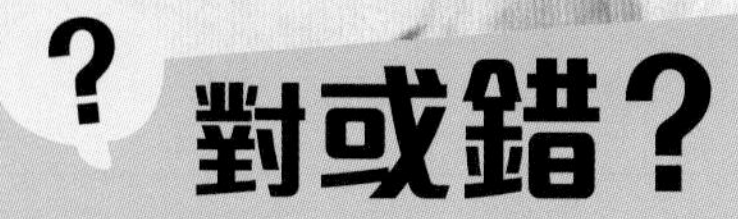

對或錯？

1 皇帝企鵝是世界上最大的企鵝。

2 皇帝企鵝是唯一一種在南極洲繁殖的鳥類。

請翻到第139頁查看答案。

還有哪些動物能在極冷之地生存？

鱷冰魚

在極度寒冷的南冰洋裏，鱷冰魚也能夠生存，因為牠們有一種特別的血液，裏面含有一種化學物質，能防止體內形成冰晶。

樹蛙

北美樹蛙會在冬天時讓大部分身體結冰來撐過冬天；到氣温回暖，牠們也會回復到正常狀態。

雄性皇帝企鵝在為企鵝蛋保暖的兩個月內，什麼都不會吃。

保暖

企鵝身上的羽毛非常濃密，而且皮下亦有特別厚的脂肪來保暖；羽毛亦能防水，使企鵝保持乾爽。

冰凍的腳

企鵝有時會靠在堅固的尾巴上站立，減少腳掌與冰凍地面接觸，就可以減慢體温流失。

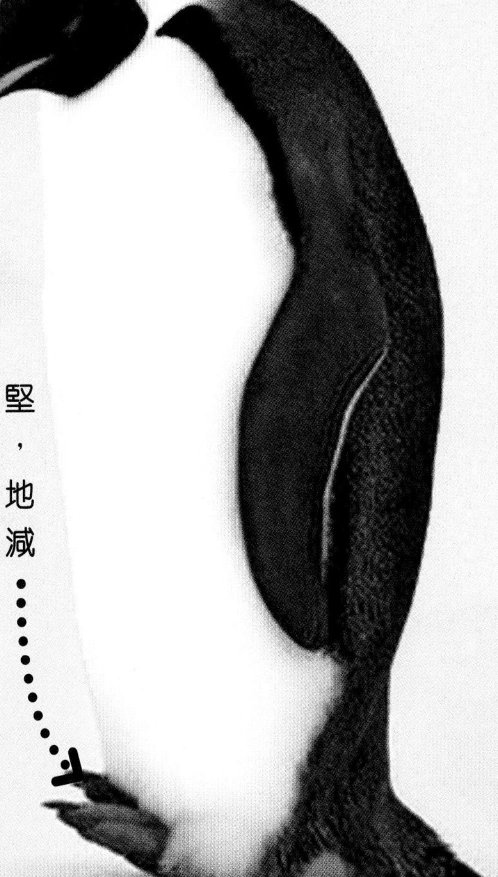

什麼動物會吃鷹？

最大型的鷹，例如北美的白頭海鵰，既強壯又敏捷，是食物鏈的最高層。這就是說，沒有其他動物能捕獵和吃掉牠們。

鷹眼

白頭海鵰的視力極佳，牠們在海面上300米飛行時也能看見水裏的魚。

還有哪些動物是頂級掠食者？

灰熊

來自北美的灰熊是陸地上最大的獵食者之一。牠們主要吃堅果、野莓和水果，但也會吃嚙齒類動物，甚至其他更大的動物例如鹿。雄性灰熊通常獨來獨往，但有時也會聚在一起吃魚大餐。

森蚺

世界上最重的蛇就是森蚺，牠們能殺死像小豬那樣大小的動物，牠們會用力擠壓令獵物無法呼吸，然後整隻吞掉。森蚺在南美生活，食物包括鹿、鳥類和烏龜。

食物鏈

食物鏈中的箭咀指向顯示了食物中的能量如何流向頂級掠食者。以下圖為例，水中最微小的浮游生物是磷蝦的食物；三文魚會吃磷蝦；然後白頭海鵰會吃三文魚。

白頭海鵰

三文魚

磷蝦

浮游生物

尾巴羽毛

鷹尾巴的羽毛很大，有助鷹在俯衝捕獵時控制牠們的移動。

鷹爪

鷹爪長而彎曲，使牠們能緊緊地捉住又大又滑的魚。

日常食糧

大鷹可以獵食大如小鹿的動物，但白頭海鵰最經常吃的是魚。

考考你

1 鷹如何殺死獵物？
- a 用尖喙咬死牠們
- b 用鷹爪撕開牠們
- c 把牠們摔在地上

2 白頭海鵰的巢有多重？
- a 像兔子般重
- b 像成人般重
- c 像小型汽車般重

請翻到第139頁查看答案。

為什麼啄木鳥不會頭痛？

啄木鳥每天會用喙敲擊樹幹約12,000次來尋找可吃的昆蟲，卻又沒有傷及自己的頭部，這是因為牠們的腦袋舒適地置於能夠吸收啄木震盪的特別頭顱骨中。

厚頭顱骨

啄木鳥擁有像海綿般的厚厚頭顱骨，可以吸收啄木時的震盪；牠們還有特別的舌骨，能像安全帶一樣把頭顱骨固定。

尾巴支撐

啄木鳥尾巴的羽幹很堅硬，可以作為支柱。當啄木鳥用力啄樹幹的時候，牠們的尾巴就會用力支撐着身體推向樹幹。

其他動物如何在樹幹上覓食？

樹枝工具

擬鴷樹雀是罕有會用工具的樹鳥之一；牠們將幼樹枝插進樹洞中，然後把美味的昆蟲拉出來。

手指覓食

來自馬達加斯加的指猴會敲打樹幹，聆聽裏面的幼蟲位置，然後用手指挖牠們出來。

鳥喙

啄木鳥的喙很有力，可以錘打樹幹。喙端還會自我修復，令喙不會輕易損耗。

啄木鳥每秒可以敲打樹幹20次。

鳥爪

啄木鳥的腳趾是有爪的：兩隻向前、一隻向後，讓牠們能緊緊抓實樹幹。

對或錯？

1 啄木鳥可以啄穿石屎。

2 啄木鳥透過敲木的節奏來溝通。

3 啄木鳥在樹上鑿洞來築巢。

請翻到第139頁查看答案。

水生動物

有許多不同的動物住在世界各地的海洋、湖泊和河流裏。大部分的水生動物都用鰓呼吸，但有些動物例如海豚，則需要浮上水面呼吸。

為什麼水母會發光？

像很多其他深海動物一樣，有些水母可以發光例如夜光游水母，這可能是為了避免被吃掉，因為有些動物很喜歡吃柔軟而多汁的水母，會發光的話可能可以嚇退獵食者。

發光
這水母會發光是因為體內有某種化學作用。

對或錯？

1 有些深海魚會發光。

2 有些兔子會發光。

請翻到第139頁查看答案。

致命的螫刺

水母的觸手有螫人的細胞，可以用來癱瘓獵物。

蠕動的觸手

觸手也會發光。觸手上有許多肌肉，可以捕捉獵物，然後把獵物送到鐘狀體的口裏。

還有哪些動物會發光？

螢火蟲

螢火蟲會在尾部發光。尋找異性交配時，牠們會用這些光來互相溝通。

眼蕈蚊

會飛的昆蟲會被光吸引，所以住在洞穴裏的眼蕈蚊會製造一絲絲發光的黏液，誘惑獵物前來。

魚會睡覺嗎？

魚會睡覺，但由於牠們沒有眼蓋，所以很難分辨出牠們是清醒還是睡着。然而，鸚嘴魚睡覺的時候很明顯，因為牠們睡覺時會用黏滑的繭來包住自己。

黏滑的保護罩

鸚嘴魚每晚睡覺時會吐出黏液，形成一個有保護性的罩子來包住自己。

鸚嘴魚會用上1個小時來築繭。

安全的繭

繭是一個安全的保護層，可以隔絕如魚蝨的蟲子咬，因為繭隔絕了牠們魚類的氣味。

哪些動物有不尋常的眼睛？

變色龍

大部分的兩棲類動物，例如變色龍，眼蓋與瞳孔是固定在一起的。當變色龍眼睛轉動時，牠們的眼蓋也會一起移動。

壁虎

像大部分壁虎一樣，納米比沙壁虎也沒有眼蓋。所以為了保持眼睛清潔，牠們會用長舌把眼睛舔乾淨。

? 考考你

1 所有的鸚嘴魚也會在夜晚築繭嗎？

2 所有魚都在晚間睡覺嗎？

請翻到第139頁查看答案。

獵食者警報

黏滑的保護罩也是一個提防獵食者的預警系統。當獵食者例如熱帶海鰻攻擊繭時，鸚嘴魚就可以盡快游走。

雞泡魚怎樣使身體膨脹？

當小魚的體型剛好成為大魚的小吃，那麼保護自己的其中一個方法就是令自己體型變大。雞泡魚就是這樣做，牠們會吞下很多水使身體膨脹，而且還有些雞泡魚是有毒的。

細小而緩慢

雞泡魚體型細小，而且也不是游得很快；在正常情況下，牠們只有這般大小，所以很容易成為獵食者的目標。

? 考考你

1 雞泡魚有牙齒嗎？

2 嬰兒雞泡魚會怎樣保護自己？

3 雞泡魚膨脹後，如何縮回原本的大小？

請翻到第139頁查看答案。

不會撕裂

雞泡魚的皮膚堅固而且富有彈性，所以牠們膨脹的時候也不會撕裂，而且牠們的胃部有具彈性的皺摺，膨脹時可以延展開來。

不止一口

膨脹了的雞泡魚不單看起來嚇人，而且體型變大後也不容易被獵食者一口吃掉。這很重要，因為雞泡魚膨脹後，游水的速度會比平常再慢一倍。

還有哪些動物的身體會膨脹？

蟾蜍

當蟾蜍受到威脅，牠們會吸入額外的空氣使肺部膨脹，又會伸展四足，使牠們體型看起來更大更可怕。

軍艦鳥

雄性軍艦鳥會鼓起像氣球一樣的鮮紅色喉囊來吸引雌性。

飛魚真的能飛嗎？

飛魚的鰭很闊，牠們跳上水面的時候就像在飛翔。牠們會在海底加速，然後跳上水面來避開獵食者。不過，因為牠們不能拍動魚鰭，所以牠們其實只是在滑翔，而不是真正的飛翔。

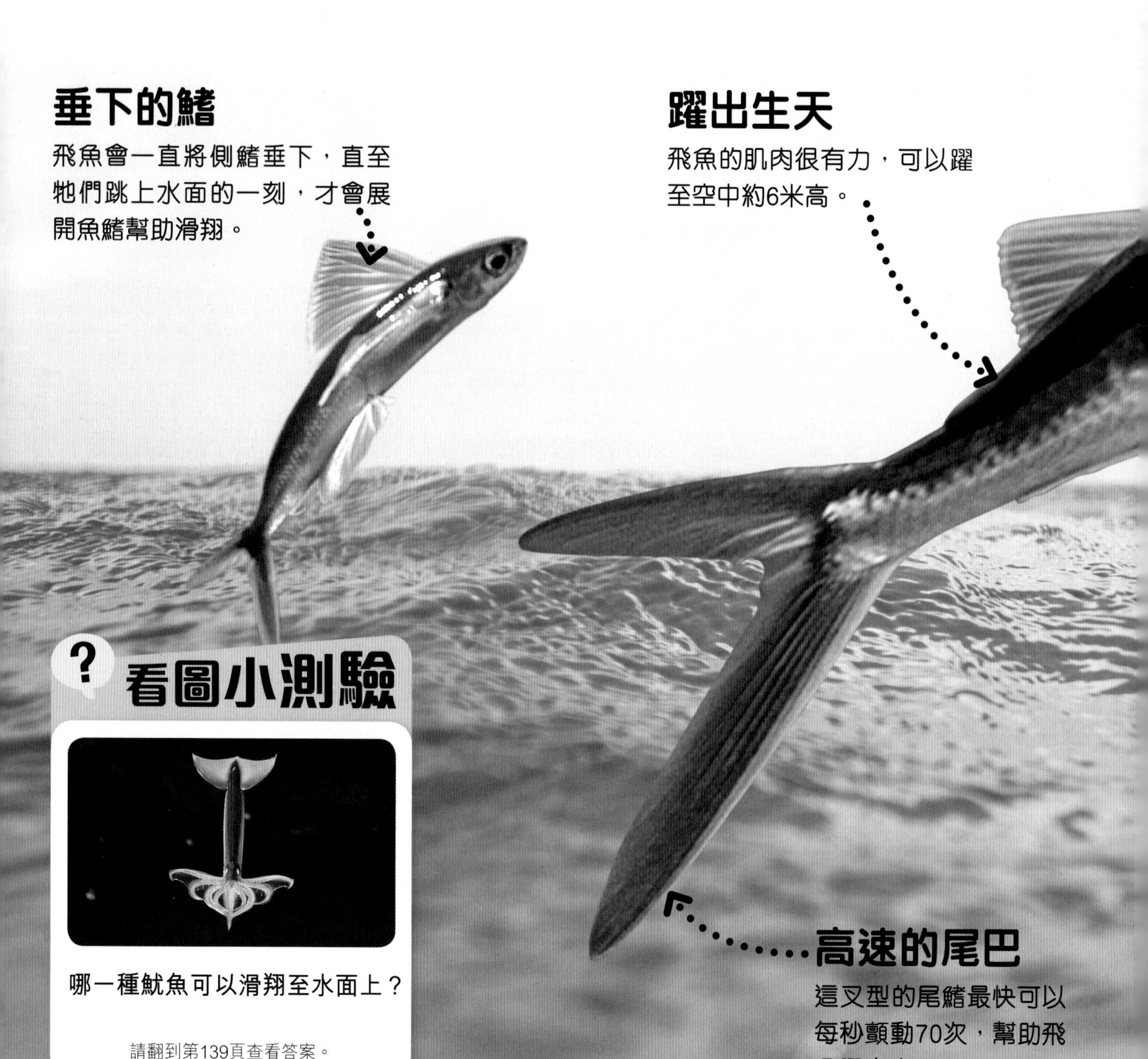

看圖小測驗

哪一種魷魚可以滑翔至水面上？

請翻到第139頁查看答案。

僵硬的身體

飛魚的身體形狀好像魚雷，僵直的身體使牠們更容易在空中滑翔。牠們最長可以在空中滑翔45秒之久。

像翅膀的鰭

飛魚打開側鰭就像翅膀那樣，有些飛魚還有特別大的後鰭。

飛魚在空中滑翔的速度可高達每小時70公里。

還有哪些動物好像會飛？

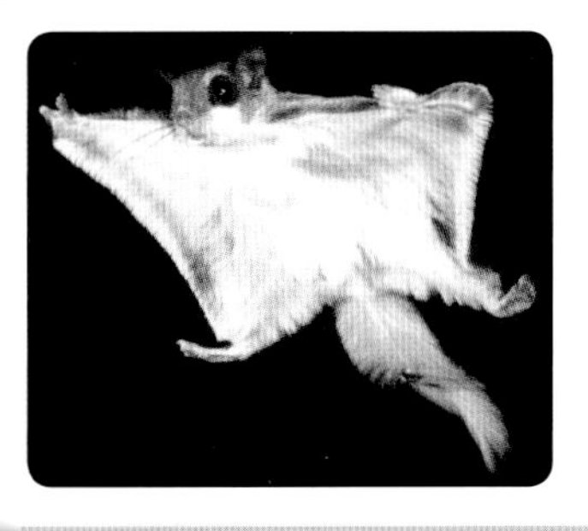

鼯鼠

鼯鼠毛茸茸的皮膚由手腕延伸到足踝。當鼯鼠由一棵樹跳躍到另一棵樹，皮膚就像降落傘般助鼯鼠滑翔。

飛蛙

大部分青蛙都是跳遠高手，黑掌樹蛙可以用寬大的蹼來從一棵樹滑翔到另一棵樹上。

錘頭鯊的頭部有多達3,000個感測體孔。

鯊魚怎樣獵食？

大部分的鯊魚都擅於在水中感應血的味道，但牠們還有一個更好的方法覓食。牠們有特別的感應器，可以偵測到動物肌肉動作和神經間微弱的電場。

對或錯？

1 所有鯊魚都會吃人類。

2 鯊魚畢生都會長出新的牙齒。

請翻到第139頁查看答案。

寬闊視野

錘頭鯊的眼睛分得很開，分別在「錘子」的兩端，牠們上下側的視野可達360度。

有動物可以使用電擊嗎？

電鰩

電鰩身體扁平，身上有可以產生電力的器官，可以利用電擊把捕獵者或敵人趕走。

電鰻

所有動物都可以在肌肉與神經之間產生電力，但電鰻產生的電力強大得可以用來攻擊獵物。

藏在海底的獵物

錘頭鯊很喜歡魟魚，魟魚卻經常躲藏在沙裏。錘頭鯊的「錘子」就像金屬探測器一樣掃描海底，就能找到牠們。

錘頭

錘頭鯊奇異的頭部前端佈滿了微小的感應器官，可以探測獵物的電場。

珊瑚是生物嗎？

珊瑚看上去像是色彩斑爛的石頭，但珊瑚其實是由一羣細小的珊瑚蟲所組成。日間的珊瑚看來死氣沉沉，但到了晚間，成千上萬的珊瑚蟲會伸出觸手來捕捉和吞吃水中的浮游生物。

珊瑚礁

珊瑚礁上布滿了成千上萬的珊瑚蟲。牠們都固定某個位置上，但仍然可以揮動觸手。

考考你

1 珊瑚怎樣刺人？

2 什麼是珊瑚礁？

請翻到第139頁查看答案。

細看珊瑚蟲

打開的珊瑚蟲看上去有點像海葵。珊瑚蟲身上有一圈像刺般的觸手，觸手會捕捉和癱瘓微小的獵物，然後把獵物移動到中間的口部。

世界上最早的珊瑚礁約於5億年前形成。

岩石般的骨幹

珊瑚大部分都由像石頭般堅硬的骨幹組成，骨幹會保護珊瑚柔軟的部分。

還有哪些動物看起來像死物？

玫瑰毒鮋

這條魚看起來像塊石頭，但牠們背上的毒刺可以給你無法想像的劇痛。

海綿

海綿也是羣居的動物，但牠們沒有觸手。如果牠們碎開了，碎塊還會懂得再次聚合在一起。

為什麼海豚有噴水孔？

雖然海豚一輩子都在海裏生活，但其實牠們跟我們一樣，都是用肺呼吸。海豚會用噴水孔在水面上呼吸，然後潛進水裏時就會閉氣。

考考你

1 還有哪一種海洋哺乳類動物有噴水孔？
a 鯨
b 海豹
c 海獺

2 海豚可以躍得多高？
a 3米
b 4.5米
c 6米

請翻到第139頁查看答案。

呼出氣泡

海豚會從噴水孔中呼出一連串的氣泡。牠們獵食的時候就會這樣做，使海水混濁，模糊小魚的視線。

噴水孔

噴水孔就像鼻孔一樣，會吸入空氣。噴水孔有一個特別的瓣，當海豚游進水裏就會把孔閉起來。

深呼吸

海豚體內的血比同樣大小的人類來得多，這代表海豚可以攜帶更多氧氣，使牠們每次呼吸後可以長時間留在水底。

進食

海豚跟人類不同的是，牠們不會用口呼吸。海豚呼吸和吃東西的管道不同，所以當牠們進食時不會令肺部積水。

海豚每次閉氣可以維持約3至7分鐘。

其他需要空氣的動物在水裏時如何呼吸？

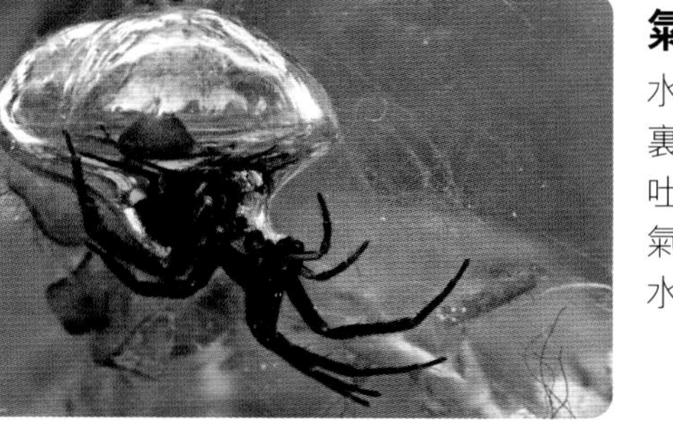

氣泡

水蛛是唯一一種會在水裏獵食的蜘蛛。牠們會吐出一個氣泡，然後在氣泡裏呼吸，有點像潛水員帶着氧氣筒那樣。

向上的鼻孔

河馬的鼻孔在頭部的高處，所以即使身體大部分都浸在水中，牠們還可以用鼻孔在水上呼吸。

深海裏有哪些生物？

海面下1,000米深的海洋又冷又黑，但這個苛刻的生活環境卻居住着許多奇特的深海動物。

考考你

1 哪一種動物住在海洋最深處？

2 科學家怎樣知道哪些動物住在深海裏？

請翻到第139頁查看答案。

小飛象八爪魚

小飛象八爪魚跟其他八爪魚不同，牠們用一對像耳朵般的鰭來游泳。牠們住在海面下約3,000米。

角高體金眼鯛

這條魚的牙齒大得使牠們合不了口。牠們用尖牙捕捉獵物，然後把整條魚吞掉。

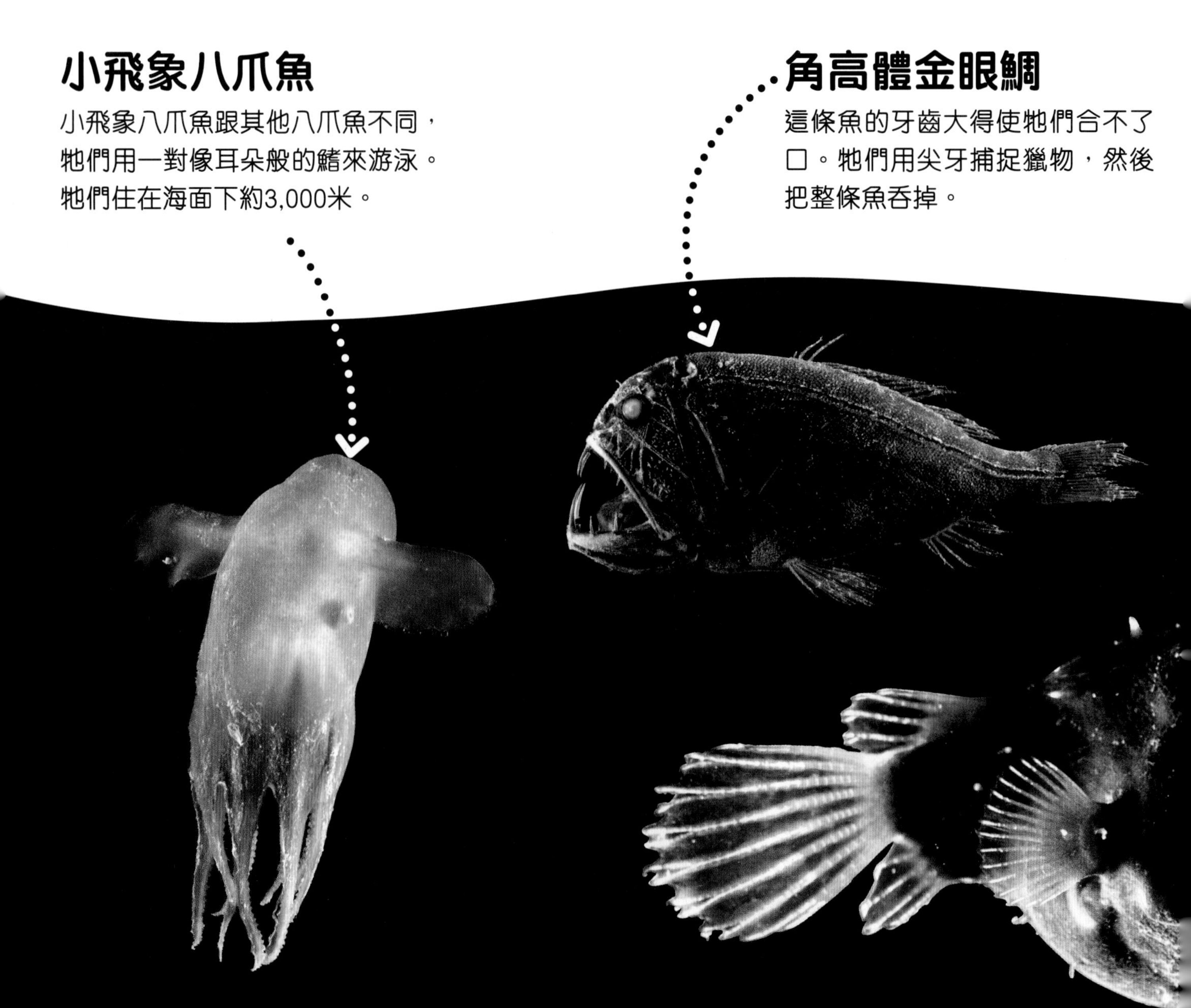

哪些動物可以在極度炎熱的環境下生存？

大更格盧鼠

有些住在炎熱乾旱草原的動物，例如美國加州的大更格盧鼠，可以在如此艱辛的環境下生存，甚至不用喝水。牠們從食物中就能吸收足夠的水分。

撒哈拉銀蟻

如果居住在地面熱得可以煎蛋的地方，大部分的動物都會死掉。然而，銀蟻可以在太陽暴曬下、氣溫達攝氏50度的沙土上來回蟻穴。

鮟鱇魚

雌性的鮟鱇魚會用頭上發光的燈籠來吸引其他魚類。其他魚會游向光源，然後被鮟鱇魚迅速吞下。

吞鰻

深海裏不容易找到食物。吞鰻為了生存，會用牠們異常巨大的口部，一口吃下獵物羣，例如一羣蝦。

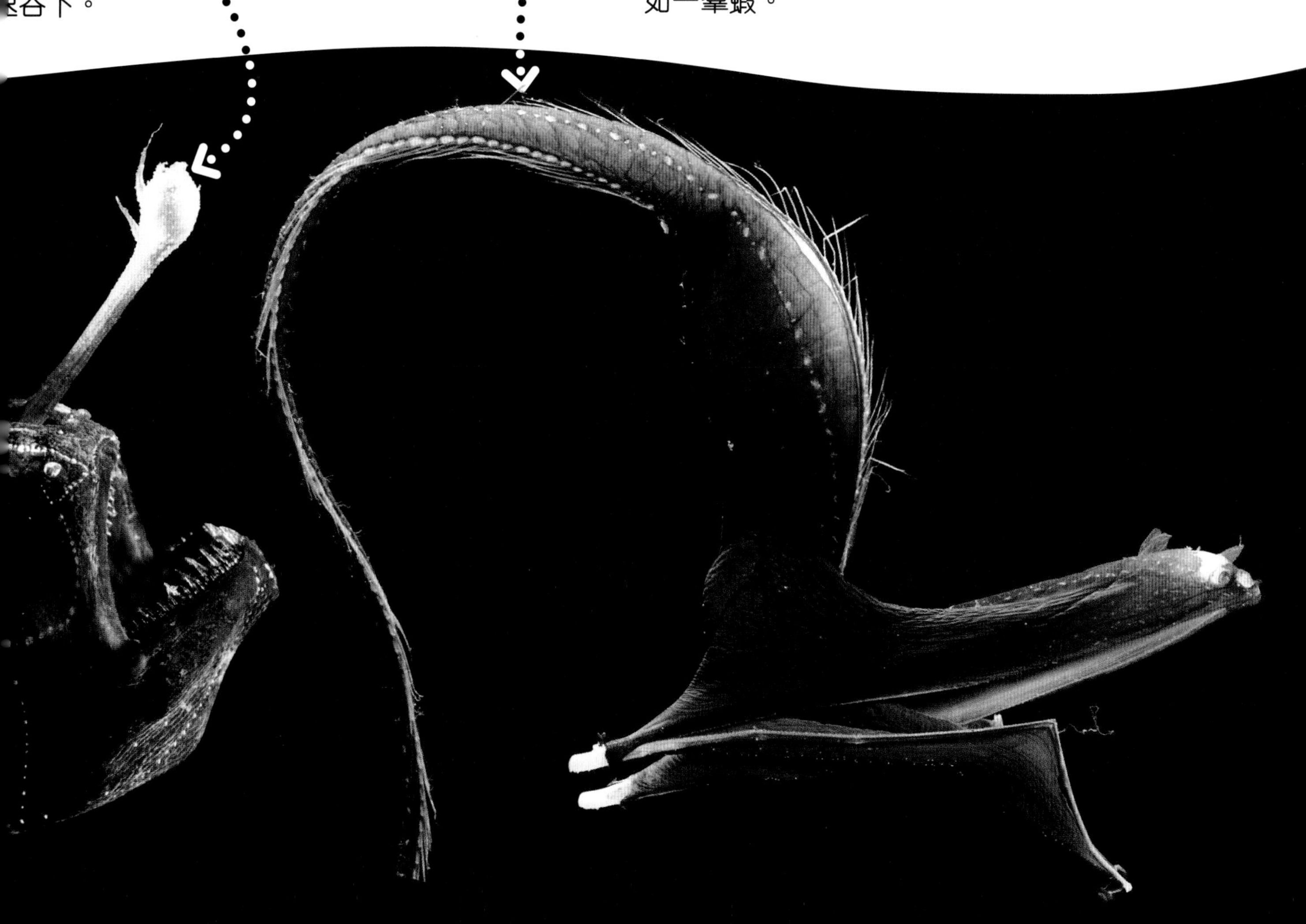

為什麼小丑魚不會被海葵刺傷？

小丑魚選擇在帶刺的海葵裏居住，似乎有點奇怪，不過牠們天生有一層特別厚的黏液表層保護，因此不怕被海葵刺傷。小丑魚住在海葵裏便不怕獵食者追捕，也可以保持海葵清潔，以及趕走海葵的敵人。

滑溜的皮膚

所有魚的表皮上都有黏液，但小丑魚的黏液層的厚度是其他魚的3倍，這能保護牠們不受海葵的毒刺影響。

敵人

小丑魚會保護自己的家園，牠們會趕走其他魚，例如會食海葵的蝴蝶魚。

考考你

1 為什麼海葵會刺人？

2 其他魚也有黏液保護嗎？

3 海葵是動物嗎？

請翻到第139頁查看答案。

還有哪些其他動物能抗毒？

獴

小動物若被眼鏡蛇咬了一口便凶多吉少。但獴這種哺乳類動物並不受眼鏡蛇的毒液影響，還可以把蛇作為晚餐。

蜜獾

想要取得蜂巢裏的蜜糖，就必須經過憤怒蜜蜂的一關，蜜獾的皮非常厚，所以牠們一點也不怕被蜜蜂刺到。

捉迷藏

當小丑魚躲在海葵的觸手裏，鰻魚和其他獵食者都無法攻擊牠們。

清理乾淨

海葵靠吃小丑魚的糞便維生，而小丑魚亦會吃掉海葵死掉的觸手和食物殘渣。

為什麼螃蟹要打橫走路？

我們會向前走，因為我們的膝蓋是在前面屈曲的。然而，大部分的蟹殼都很闊，所以牠們的腳關節是指向旁邊的。這就是說，牠們打橫走路比較方便。

屈曲的關節

螃蟹每隻腳都有幾個關節，每個關節都能如我們的膝蓋般屈曲，增加螃蟹走路時的靈活性。

有些蟹在肚子內有「牙齒」，幫助牠們咬碎食物。

還有哪些動物走路很有趣？

達氏蝙蝠魚

達氏蝙蝠魚的身體扁平，好像網球拍一樣。牠們會用扁平的鰭慢慢地在海牀上走路。

鸊鷉

鸊鷉的腳在身體的較後位置，方便牠們在水裏蹼游，但在陸地上走路的姿勢就很奇怪。

機警的眼睛

沙蟹的眼睛特別大，一發現危機便可以立刻逃跑。

腳在兩旁

每隻螃蟹有四對腳，位於身體的兩側，身前則有兩隻蟹鉗。

看圖小測驗

哪一種蛇會將身體彎曲成s型，往兩邊走路？

請翻到第139頁查看答案。

沙上的痕跡

螃蟹在沙上橫行的時候，牠們的腳會留下一條條線的足跡。

食人鯧嗜血嗎？

食人鯧有如剃刀般鋒利的牙齒，方便牠們吃肉。許多故事都把食人鯧形容為非常進取、會大羣地主動攻擊獵物，然後把獵物撕碎，連人類也不放過的動物。不過其實食人鯧比較喜歡吃其他魚，而牠們聚在一起是為了安全，而不是為了獵食。

對或錯？

1 食人鯧住在南美洲。

2 所有食人鯧都只會吃肉。

3 食人鯧在晚間最為活躍。

請翻到第139頁查看答案。

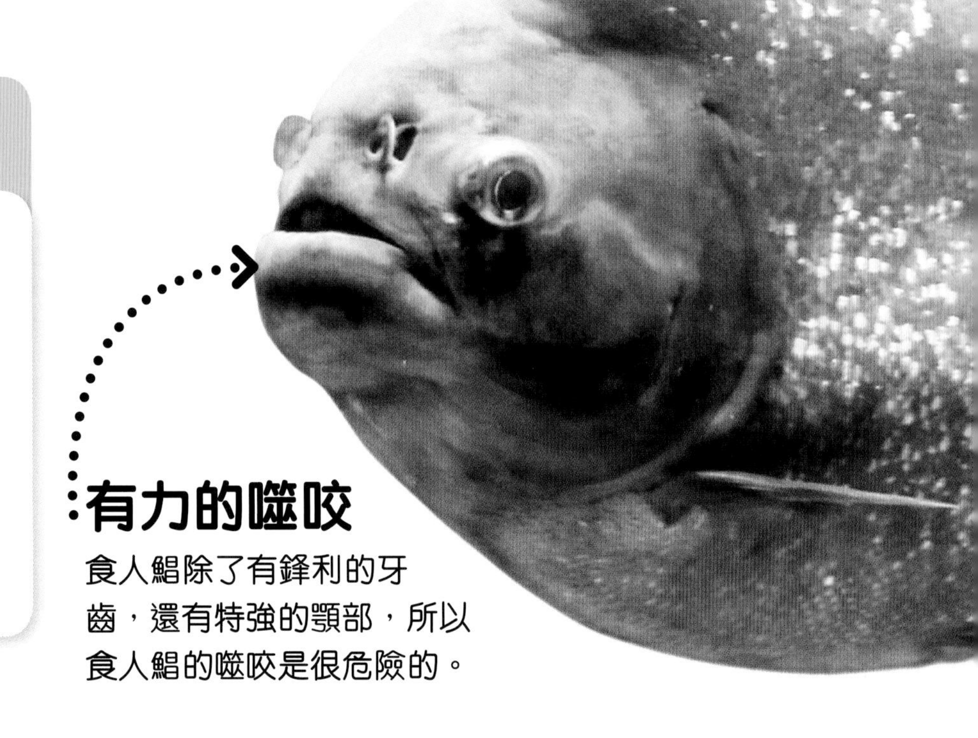

有力的噬咬

食人鯧除了有鋒利的牙齒，還有特強的顎部，所以食人鯧的噬咬是很危險的。

哪些動物是真正的嗜血？

吸血蝙蝠

這隻蝙蝠會用尖銳的牙齒咬破獵物的皮膚，然後從傷口中吸飲血液。牠們的鼻子能作出熱力感應，知道獵物温暖的血液在哪裏流。

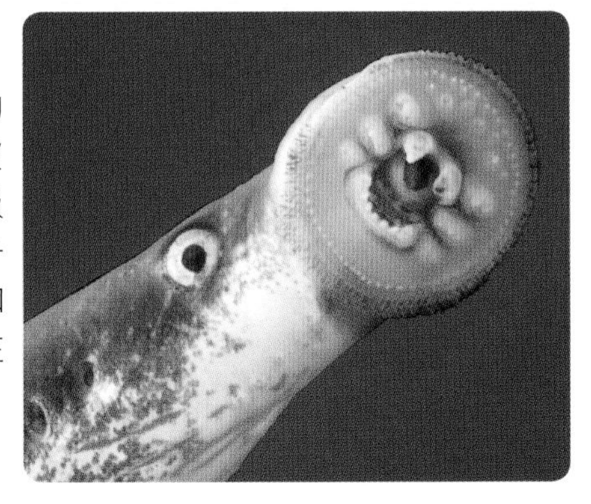

七鰓鰻

這條魚不是用顎來咬食的，牠們有一個圓形的口，圍着一圈牙齒。牠們會把口吸住另一條魚的身體，然後吸吮血液。

全力衝刺

食人鯧跟大部分其他魚一樣，都靠搖動尾巴來加速前進。

假若漁夫一不留神，食人鯧可以咬穿他的手指。

魚多便安全

食人鯧會留在魚羣裏，捕獵者並不容易從大羣魚中單獨對付一條魚，所以食人鯧在魚羣中便相對安全。

呼吸
鯨類，包括這些抹香鯨，必須到水面上呼吸空氣，牠們因此有與船相撞的危機。
錯誤訊號
潛水艇發出的訊號有時會干擾了鯨之間的溝通，妨礙了牠們游泳或覓食。
潛水覓食
抹香鯨可以潛到2公里深的海底，比大部分的哺乳類動物要深。牠們會在深海獵食牠們最喜愛的深海魷魚。
在1950年代捕鯨業的高峯時，捕鯨船每年會殺死25,000條抹香鯨。

海洋裏有多少種鯨類？

海洋裏住了很多不同種類的鯨，但由於人類過度捕獵，如今餘下的種類比一個世紀前已經少了很多。而尚存的許多種類都瀕臨絕種，代表牠們可能很快也會消失。現時海裏大約還有10萬條抹香鯨，但藍鯨大概就只剩1萬條了。

考考你

1 哪種鯨最罕有？
- a 弓頭鯨
- b 鏟齒喙鯨
- c 座頭鯨

2 為何人類要捕殺鯨？
- a 為了取得鯨肉、鯨油和鯨脂
- b 人類以捕鯨作為一種運動
- c 為船隻清理航道

請翻到第139頁查看答案。

為何動物會瀕臨絕種？

捕獵

如果人類捕獵某動物的速度比牠們繁殖的速度更快，這種動物的數量便會下降。例如人類為了要取得黑犀角而經常捕殺黑犀牛，所以牠們如今也瀕臨絕種。

失去家園

食猿鵰原本居住在熱帶雨林，但因人類大量砍伐森林，使牠們失去居住和覓食的地方。

瀕臨絕種的種類

以下是一些瀕臨絕種的鯨類。

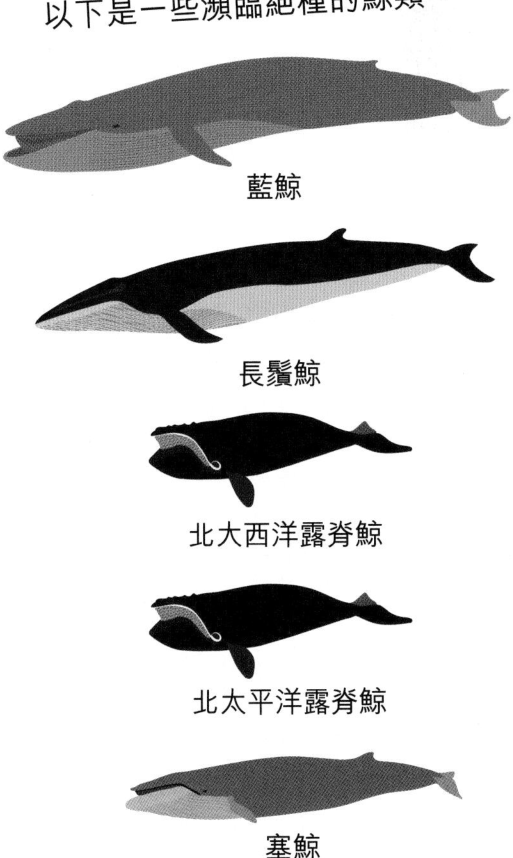

無脊椎動物

沒有脊椎的動物例如昆蟲、蜘蛛和蝸牛，都屬於無脊椎動物。節肢動物是動物界中物種數量最多的種類。

為什麼水黽不會向下沉？

其他昆蟲在水上行走時可能會沉沒，但水黽（又稱水較剪）卻十分容易，因為牠們的腳有特別的墊子，毛髮上也有蠟來防止牠們向下沉。水黽的腳會使水的表面凹陷，但牠們防水的毛髮會使牠們保持乾爽。

水黽的腳很敏感，可以感應到正在下沉的昆蟲的震動，然後前去捕食。

後腳

水黽在水上行走時，後腳會像船舵那樣，幫助牠們在追捕獵物時急速轉彎。

還有哪些動物可以越過水面？

極速奔走

來自中美和南美的雙脊冠蜥，可能是能在水上行走的動物中最重的一種。牠們會用腳來造出氣泡，使自己可以浮起，但牠們必需走得很快才能防止沉沒。

掛在水面下

水的「表皮」可以支撐一些微小的動物在水面上或水面下走動。仰蝽會抱着水的表面，然後在翅膀下裝滿空氣，牠們潛進水裏時就會使用這些空氣。

前腳

水黽的前腳有很多刺，用來捕捉獵物。牠們的口部有點像喙，而且能刺穿獵物，牠們的唾液還是有毒的，可以令獵物無法移動。

中腳

水黽的中腳像船槳，可以推動牠們在水面移動。

考考你

1 為什麼蒼蠅會沉沒？不像水黽會浮？

2 為什麼所有在水上行走的動物體型都很小？

3 還有其他動物可以在水上行走嗎？

請翻到第139頁查看答案。

為什麼蜜蜂會跳舞？

蜜蜂需要收集很多花蜜才能養活整個蜂巢的蜜蜂，所以每當牠們找到很多花蜜的花，便會向同伴傳遞訊號。蜜蜂回到蜂巢，會跳一種搖擺的舞蹈，告訴其他蜜蜂可以到哪裏採蜜。

翅膀
蜜蜂發出的嗡嗡聲是翅膀拍動的聲音。

每個蜂巢的蜜蜂一起平均每分鐘能採到40朵花的花蜜。

搖擺舞蹈

回巢的蜜蜂會表演8步舞，告訴其他蜜蜂要飛往哪個方向採蜜。舞蹈跳得愈快，表示花蜜也愈近。

蜜蜂需要按着這個方向來跳舞，這方向是由太陽的方位而定的。

其他蜜蜂會聚集來觀看舞蹈。

對或錯？

1 所有蜜蜂都是雌性的。

2 蜜蜂會在冬天冬眠。

3 蜜蜂會採花蜜和花粉作為食物。

請翻到第139頁查看答案。

飲用花蜜

蜜蜂採花蜜時會用一條特別的毛茸茸舌頭，從花朵製造花蜜的地方吸飲花蜜。

花粉囊

花朵會製造很微細的花粉來當作種子。蜜蜂很喜歡吃花粉，牠們會將花粉收集到花粉囊中，然後放在後腳的槽中帶回巢。

針刺

保護蜂巢時，蜜蜂會用牠們有毒的尖刺來刺敵人。

還有哪些其他動物會跳舞？

孔雀蜘蛛

這隻來自澳洲的雄性孔雀蜘蛛會搖動身體和腳部，跳一隻色彩繽紛的舞蹈來吸引雌性。

極樂鳥

許多極樂鳥都有顏色鮮豔的羽毛。雄性的阿法六線風鳥會跳舞來吸異雌性。

為什麼糞金龜會收集糞便？

要去滾動一球比自己體重重10倍的糞球，大概需要有個很好的理由，但這就是糞金龜爸爸每天的工作。牠們會收集其他動物的糞便來吃和餵養幼兒，有時在糞金龜爸爸推動糞球時，糞金龜媽媽會爬到糞球上面。

翅膀

糞金龜的前翅膀很堅硬，像殼一樣。前翅膀蓋着另一對用來飛翔的翅膀，方便糞金龜飛來飛去尋找糞便。

小心後面

糞金龜會用中間的一對
和後腳來推動糞便，用
腳來抓住地面。

還有哪些動物會做清潔工？

掘墓者

覆葬甲蟲會埋葬動物死屍，例如老鼠，然後將蟲卵產在其上，讓蟲孵化時便立刻有食物。

殘餘部分

食腐禿鷲會吃掉那些由獅子和其他獵食者吃剩的腐肉和骨頭。

糞便晚餐

糞金龜父母會一起埋藏這糞便球。然後，糞金龜媽媽會在裏面產卵。當卵孵化後就以糞便球作為食物，然後長成成年糞金龜。

考考你

1 假如沒有糞金龜會怎麼樣？

2 糞金龜如何把糞便變成球體？

3 糞金龜父母會看顧自己的小孩嗎？

請翻到第139頁查看答案。

珍貴的糞便

糞金龜爸爸會打走其他想要偷牠糞便球的糞金龜。

為什麼螞蟻那麼忙碌？

沒有一隻螞蟻可以休息不工作，成千上萬的螞蟻會來來回回的看守蟻穴。牠們必須收集食物、看顧幼小，並保衞家園。在蟻穴深處的蟻后亦忙着產卵，生出更多的工蟻。

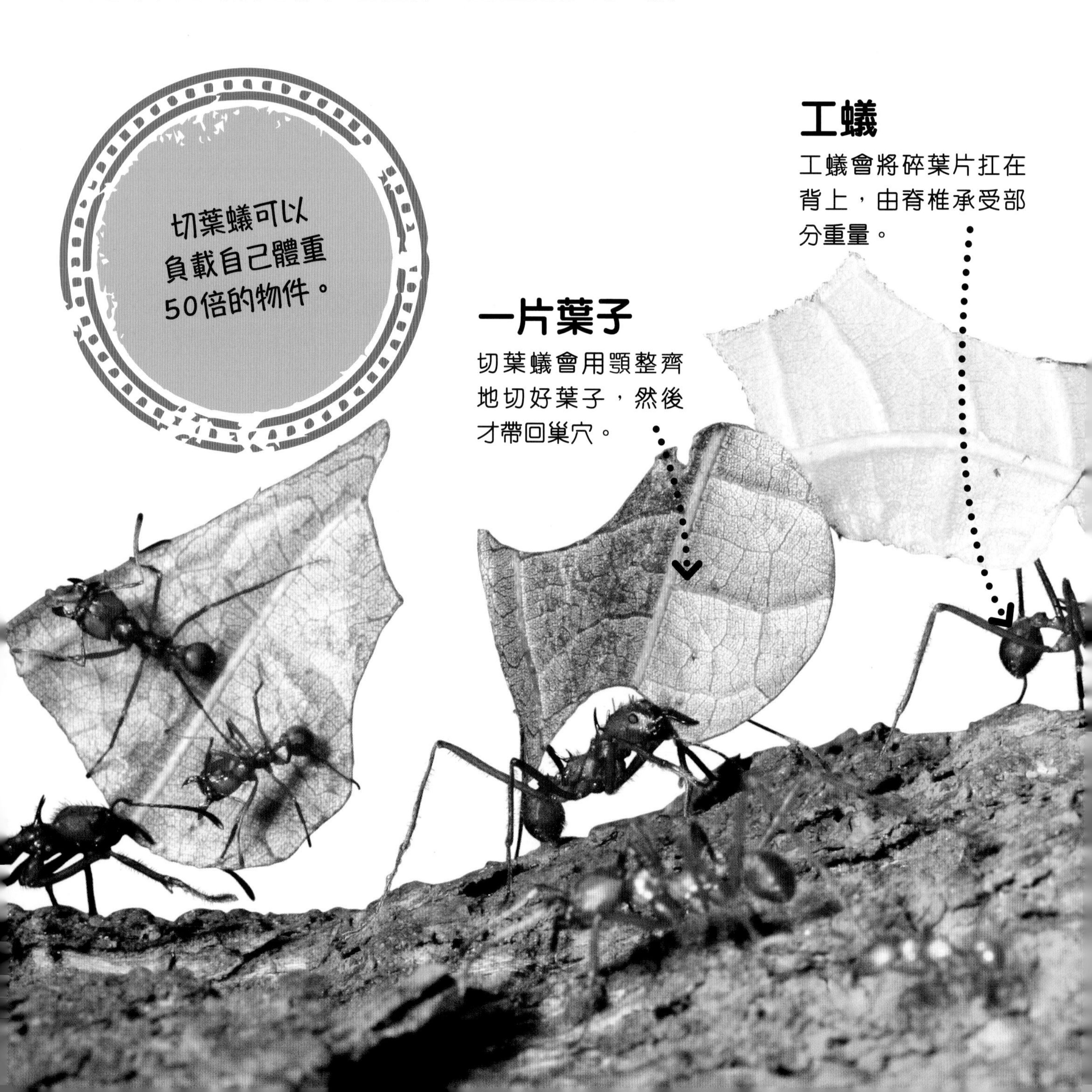

蟻國階級

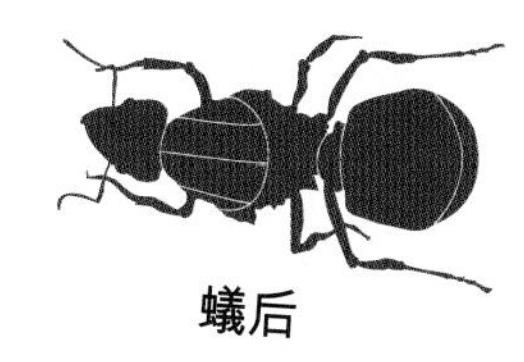
蟻后

蟻后身型比工蟻大得多。牠們負責產下所有的卵，這些卵就由工蟻負責看守。

行軍蟻

行軍蟻是頭部較大，而顎骨有力的工蟻。牠們負責捍衛蟻穴。

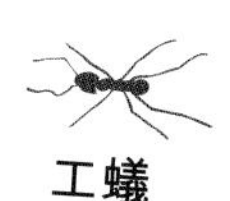
工蟻

所有工蟻都是雌性的。工蟻負責為巢穴收集樹葉，而最小的工蟻會在葉上種出真菌來餵養整個蟻國。

? 考考你

1 工蟻會產卵嗎？

2 蟻什麼時候才會飛？

3 所有蟻都會收集葉子嗎？

請翻到第139頁查看答案。

負責清潔

有些工蟻會走來走去，確保葉子清潔而且沒有害蟲。

真菌食物

工蟻會將葉子碎片帶回巢穴的「食物櫃」中，身型較小的工蟻負責在葉子上種出真菌作為大家的食物。

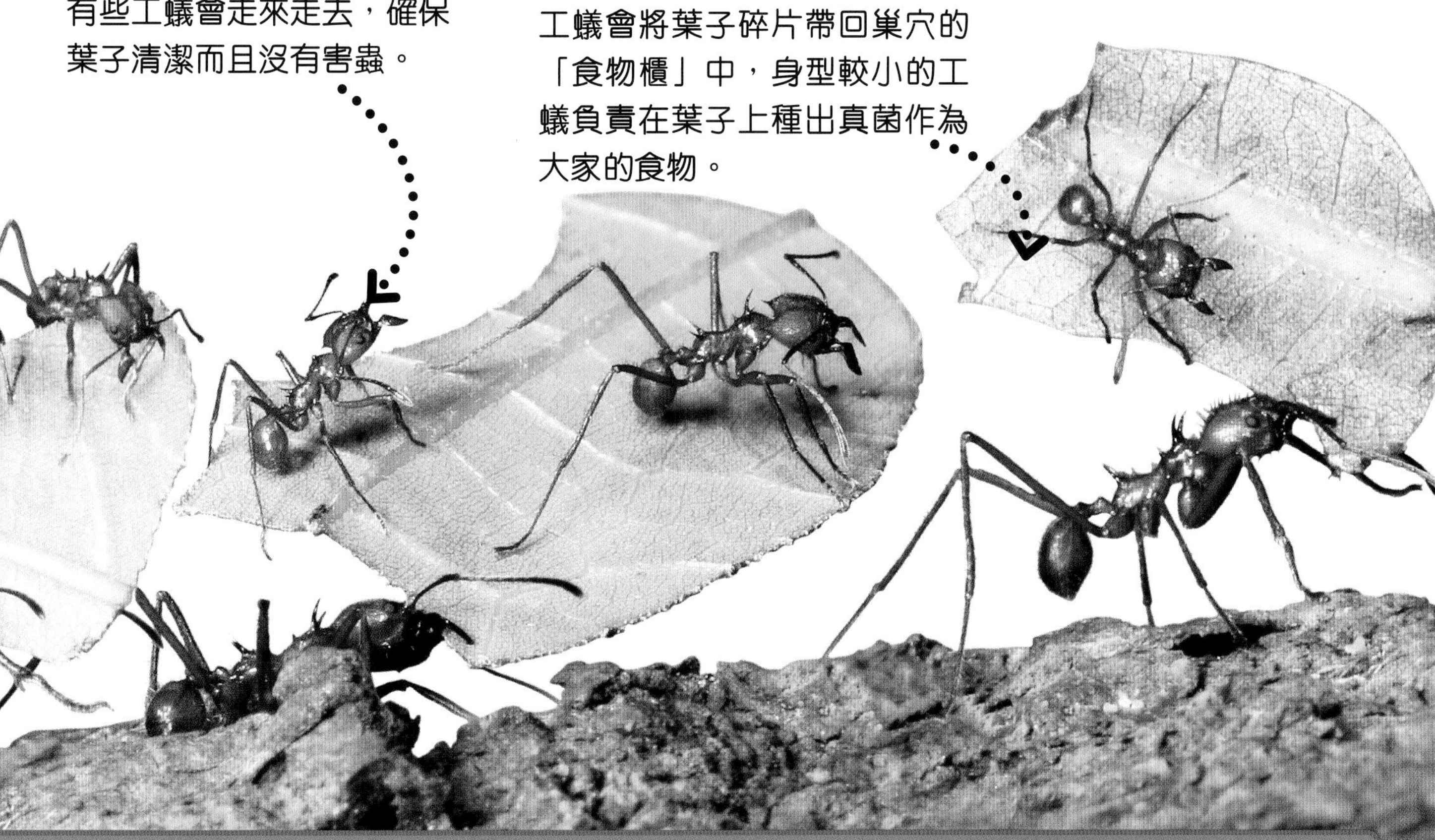

還有哪些動物由皇后統治？

白蟻

這些白色像蟻一樣的昆蟲會用陶土興建巨型的高塔成為牠們的家園。白蟻皇后可以長成15厘米長。

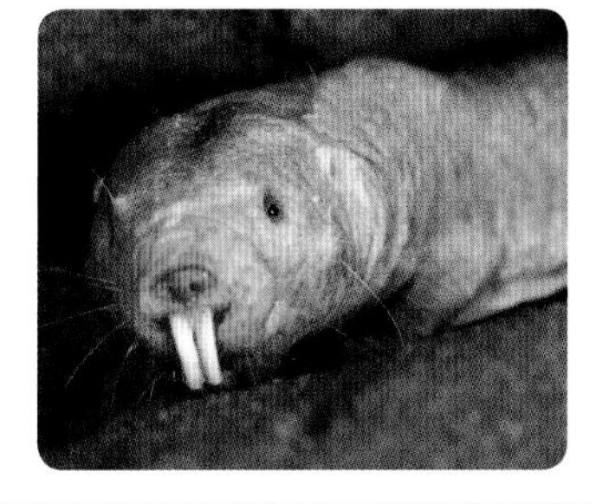

裸鼴鼠

這種非洲的哺乳類動物在地下居住，由皇后帶領社羣。皇后會跟一至兩隻雄性裸鼴鼠交配。跟蟻一樣，地洞會由那些不生育的女兒「工鼠」負責看守。

為什麼頭虱住在頭髮裏？

你的頭部對某些昆蟲來說，是個很舒適的地方，甚至還能為牠們提供食物。頭虱會用腳抓住你的頭髮，肚餓的時候就會用尖銳的口部來刺穿頭皮吸你的血。頭虱不會飛，所以會留在你身上，把虱蛋都黏在你的頭髮上。

放大來看

頭虱約有2至3毫米長，這個是放大了100倍的影像。

頭虱每天會咬人4至5次。

還有哪些動物會從人體上找到食物？

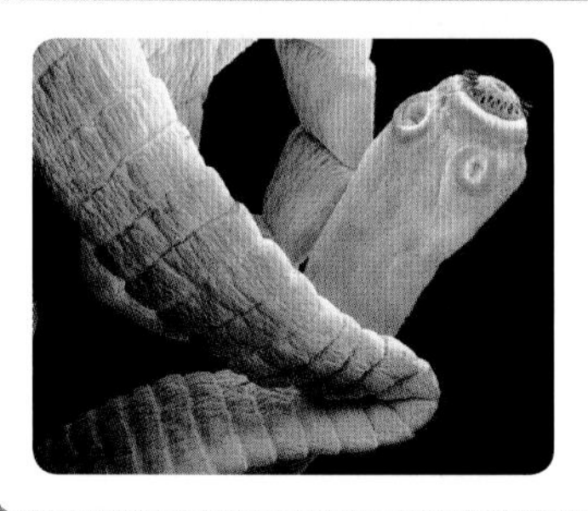

條蟲

條蟲住在你的腸道裏，吸收你消化了的食物。假如你吃了受條蟲卵污染的肉類，便有可能讓條蟲住進腸道裏。有些條蟲可以長達10米。

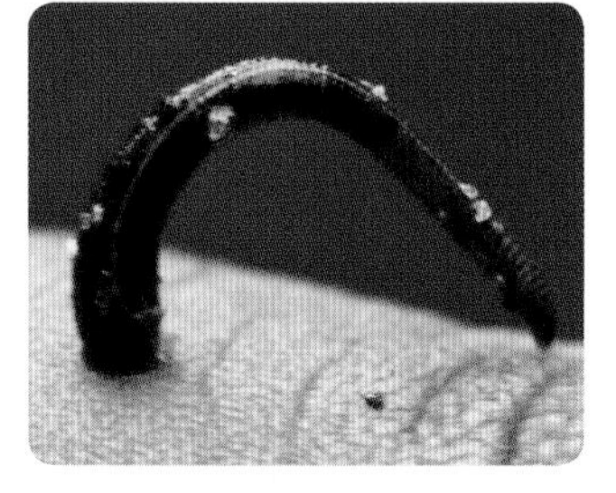

水蛭

水蛭是靠咬皮膚和飲血維生的蟲。水蛭吃飽後便會離開，肌餓時再找下一位受害者。牠們可以在陸上或水裏生活。

口部

頭虱會從頭部伸出針來刺穿皮膚，然後飲血。

有爪的腳

頭虱有爪的腳能緊緊地抓住頭髮。頭虱走得很慢，亦沒有翅膀，所以不會飛。

身體

頭虱飲血的時候，牠們的腹部會脹起，因為肚內充滿血液。

對或錯？

1 頭虱會產蝨卵。

2 頭虱喜歡骯髒的頭髮多於乾淨的頭髮。

3 頭虱可以在人類之間傳染。

請翻到第139頁查看答案。

蜘蛛如何編織蜘蛛網？

蜘蛛用一種特別的絲線來織網。這種絲比人類的頭髮更幼，但比鋼鐵更堅硬，所以很適合用來困住那些毫無防備的昆蟲。蜘蛛會在葉子之間織起幾乎是透明的蜘蛛網，然後塗上黏液，使任何飛過蜘蛛網的昆蟲都走不掉。

大輪形網

歐洲的十字園蛛是編織圓網的蜘蛛。牠們每天都會織一個新網。

絲囊

絲本身是一種比較液態的黏糊物，透過蜘蛛尾部的絲囊噴射出來──有點像從管中擠出膠水，然後它會硬化變成絲線。

如何織網

1. 蜘蛛釋放出絲線，由風吹到它能黏着某物件。然後蜘蛛放出第2條絲線，形成「Y」字型。

2. 蜘蛛加上其他絲線，由中心向外伸展，像輪子的輻條那樣，確保蜘蛛網有堅固的框架。

3. 蜘蛛由中心開始，螺轉型地繼續編織，加強蜘蛛網。然後再慢慢走回中心，加上一層黏液來困住獵物。

蜘蛛網

圓網是很複雜的網，蜘蛛會在知道有昆蟲經過的地方織網。

還有哪些動物會用陷阱？

蟻獅

蟻獅會挖掘沙坑來捕捉獵物。牠們自己會藏在沙坑底部，靜候掉進沙坑的螞蟻，然後一口吃掉。

黑鷺

黑鷺會用翅膀當作「雨傘」，造出一個黑影，令魚兒以為自己躲在安全的陰影中。

考考你

1 蜘蛛還會用絲來做其他東西嗎？

2 世界上最大的蜘蛛網由哪一種蜘蛛織成？

3 什麼是蜘蛛網？

請翻到第139頁查看答案。

蝸牛殼裏有什麼？

蝸牛把房子帶在背上，蝸牛殼會保護牠們柔軟的身體和重要的器官，例如心臟。在蝸牛殼的深處，蝸牛的身體有一條肌肉連住螺旋型的房間。如果有危險，這條肌肉會立刻將蝸牛拉進殼裏。

對或錯？

1 蛞蝓就是沒有殼的蝸牛。

2 小灰蝸牛是吃素的。

3 有些蝸牛用鰓呼吸。

請翻到第139頁查看答案。

小灰蝸牛不是雄性，也不是雌性——牠們身上兩種性別的性器官都有。

蝸牛殼

蝸牛殼是由一些堅硬的白堊岩和像角的物質組成。

眼睛

典型的小灰蝸牛的眼睛位於觸角頂端，可以看到蝸牛殼外發生的事。

健壯的腳

蝸牛有一隻腳用來移動向前，這隻腳上有許多波浪般的肌肉，可以拉着蝸牛和牠們的殼走路。

蝸牛殼內

蝸牛最重要的器官例如肺部和心臟，都在蝸牛殼內；只有牠們的頭部和滿有肌肉的腳會伸出殼外，讓牠們可以移動和感覺四周的環境。

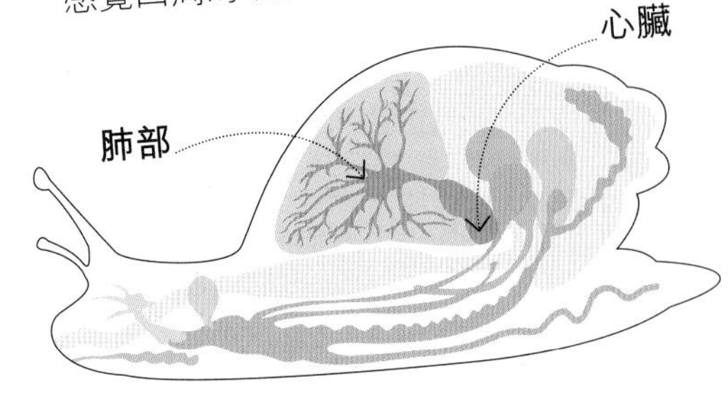

其他動物也會帶着房子嗎？

海龜

對海龜和陸龜而言，龜殼就尤如一套盔甲，有些龜還可以把頭和腳收進殼內。

寄居蟹

大部分的蟹生來都有一個硬殼，但寄居蟹卻沒有，所以牠們會用空的蝸牛殼來成為殼子保護自己柔軟的身體。

蚊子如何決定要叮誰？

我們總是在掙扎想要遠離蚊子，但原來牠們靠着我們呼出的二氧化碳而找到我們，來到我們溫暖而有汗的皮膚上。不過你只需提防雌性蚊子，因為雄性蚊子不會吸血。

蚊子可以花上2至3分鐘的時間在飲血。

觸角

雌性蚊子的觸角可以感應到獵物的氣味。雄性的觸角比較茂密，用來尋找雌性。雄性是吃花蜜的，不是吃血的。

如刺的口

雌性的口部長而尖，可以用來刺穿皮膚表面。

翅膀

蚊子用一對翅膀來飛行，尋找獵物。不飛行的時候，翅膀會放平在身體上。

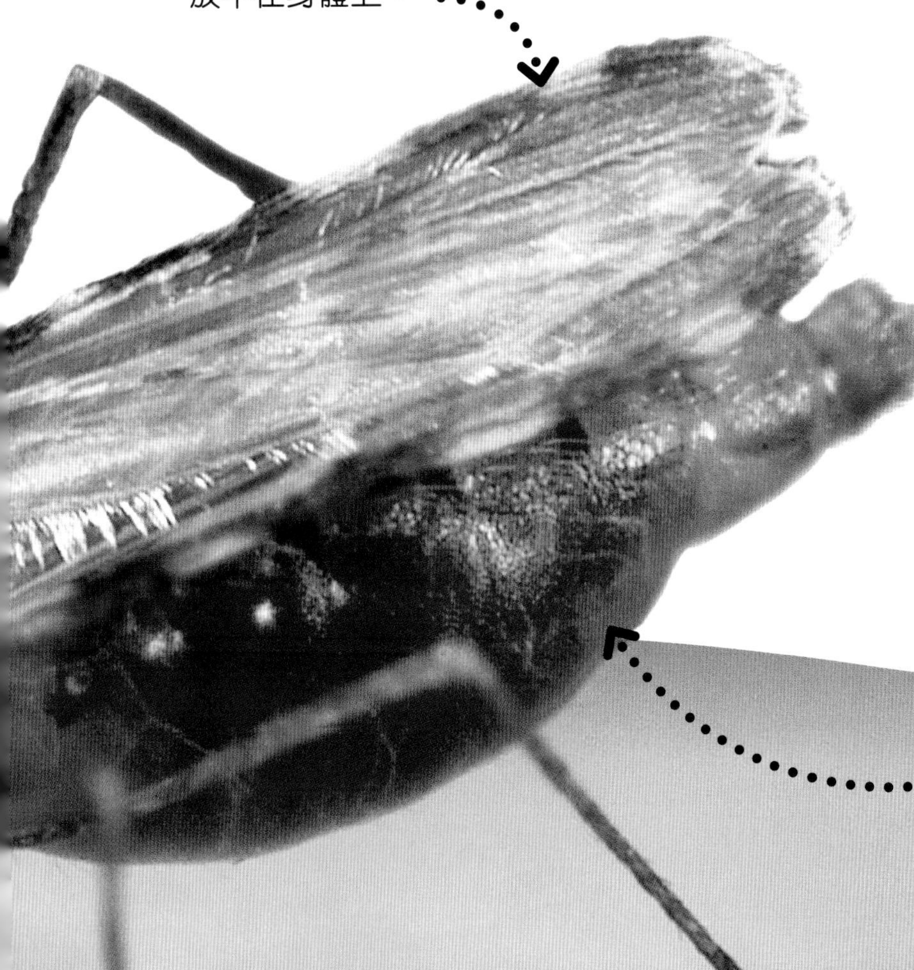

血液

蚊子吸血時，血會進到牠們的肚子，令身體膨脹和變成紅色。

考考你

1 所有蚊子都吸血嗎？

2 吸血的蚊子危險嗎？

3 為什麼蚊咬會痕癢？

4 蚊子用什麼來吸血？

請翻到第140頁查看答案。

還有哪些動物有超強感應力？

皇帝蛾

雄性皇帝蛾的嗅覺是數一數二的。雄性皇帝蛾可以在10公里遠就嗅到雌性的出現。不過飛蛾生命很短，牠們只有一個月的時間找異性交配。

松黑木吉丁蟲

大部分的動物都會逃離森林大火，但松黑木吉丁蟲則例外。牠們有獨特的感應，會將牠們帶向熱力和火焰，因為松黑木吉丁蟲會在燒焦的木上產卵。

甘氏巨螯蟹

已知現存最大的節肢動物生活在海洋裏，並且用鰓呼吸，牠們需要水支撐牠們那些可以長達3.8米的腳。

世界上最長的蟹

看圖小測驗

哪一種昆蟲有最大的翅膀？

請翻到第140頁查看答案。

世界上最重的蜘蛛

陳氏竹節蟲

很容易就會看不到這世上最長的昆蟲，牠們的身長可達36厘米，但牠們不活動時，看起來就像條樹枝。

世界上最長的昆蟲

巨人食鳥蛛

最重的蜘蛛重達175克，被牠們咬一口就像被蜜蜂刺中一樣。

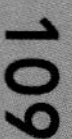

巨沙螽

世上最重的昆蟲是住在紐西蘭的一種蟋蟀，一隻懷着許多卵的巨沙螽，可以比老鼠重3倍。

世界上最重的昆蟲

世界上最大的節肢動物是什麼？

世界上有許多極小型的節肢動物，但也有些可以長得很大。「最大」可以指不同的東西，例如牠們的長度、闊度或重量。這一頁的動物都是節肢動物界最大型的代表。

草蜢如何唱歌？

草蜢唧唧的叫聲瀰漫着夏日。雄性草蜢會唱歌來吸引雌性，但牠們不是用口來唱歌。大部分的草蜢腿上會有一把小梳，將後腿與翅膀摩擦就會發出唧唧聲。蟋蟀唱歌的原理也相似，但牠們是用翅膀摩擦發聲。

還有哪些動物愛唱歌？

吹口哨的鯨

白鯨唱歌動聽得被冠名為「海裏的金絲雀」。牠們震動噴水孔下的空氣，發出口哨的聲音。牠們也是這樣與同伴溝通的。

老鼠音樂大師

雄性老鼠跟草蜢一樣，都以唱歌來吸引雌性。當雄性認為雌性就在附近，便會更加放聲高歌。但你大概不會聽到牠們的歌聲，因為牠們的歌曲音域太高，是人耳聽不見的。

感應器官

觸角能感應氣味，也能讓雄性知道附近是否有雌性出沒。

考考你

1 還有其他動物會用跟草蜢相似的原理發聲嗎？

2 所有草蜢的聲音都一樣嗎？

3 最嘈吵的昆蟲是誰？

4 為什麼我們聽不到老鼠的歌聲？

請翻到第140頁查看答案。

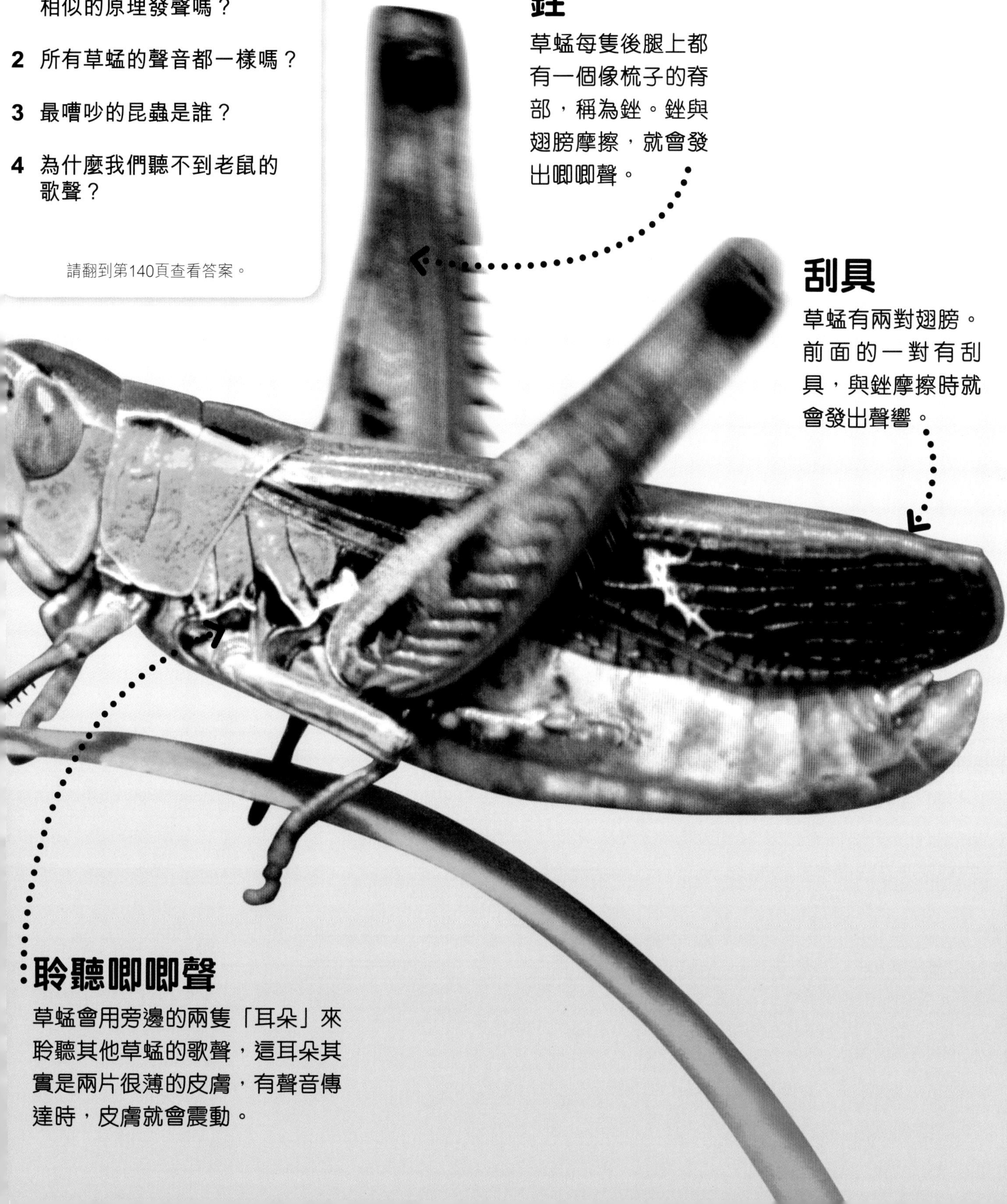

銼

草蜢每隻後腿上都有一個像梳子的脊部，稱為銼。銼與翅膀摩擦，就會發出唧唧聲。

刮具

草蜢有兩對翅膀。前面的一對有刮具，與銼摩擦時就會發出聲響。

聆聽唧唧聲

草蜢會用旁邊的兩隻「耳朵」來聆聽其他草蜢的歌聲，這耳朵其實是兩片很薄的皮膚，有聲音傳達時，皮膚就會震動。

爬行類與兩棲類

爬行類和兩棲類是冷血動物。爬行類動物的皮膚很乾，而且有鱗片；兩棲類的皮膚是濕潤和黏滑的。

壁虎如何在天花板走路？

壁虎是細小的蜥蜴，牠們有種特別的技能：可以爬牆和倒着身子在天花板上走路。牠們腳上有特別的墊子，讓牠們可以走在光滑的表面上，例如葉子或玻璃，都不會掉下來。

輕盈的身體

大部分壁虎的大小跟老鼠差不多，不過牠們腳趾上有過百萬條黏性短毛，可以支撐牠們的體重而不會掉下來。

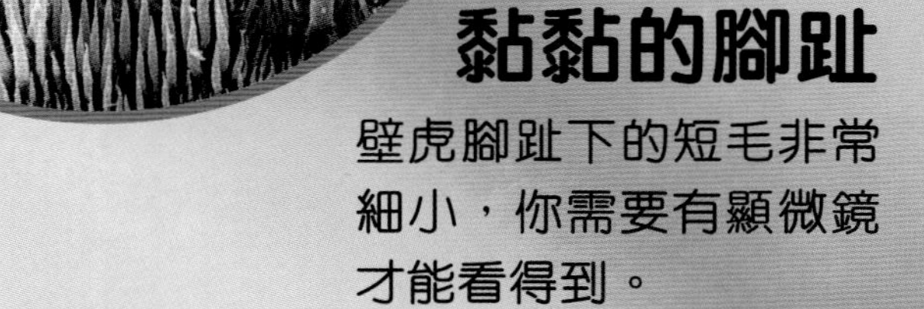

黏黏的腳趾

壁虎腳趾下的短毛非常細小，你需要有顯微鏡才能看得到。

細小的爪

壁虎的爪很細小，因為牠們在平滑的牆上爬行時並不需要用到爪。

特別的腳

壁虎的腳趾有很寬闊的墊子，用來黏着爬行的表面。

還有哪些動物是攀爬高手？

羱羊

羱羊居住在歐洲的阿爾卑斯山脈，蹄可向外展開，讓牠們可以在近乎垂直的山崖上行走。

蒼蠅

蒼蠅和其他昆蟲的腳上都有短毛墊子，讓牠們可以黏在牆上，跟壁虎一樣。

考考你

1 為什麼壁虎需要攀爬？

2 所有壁虎都會爬牆和天花板嗎？

3 壁虎的名字是怎樣來的？

請翻到第140頁查看答案。

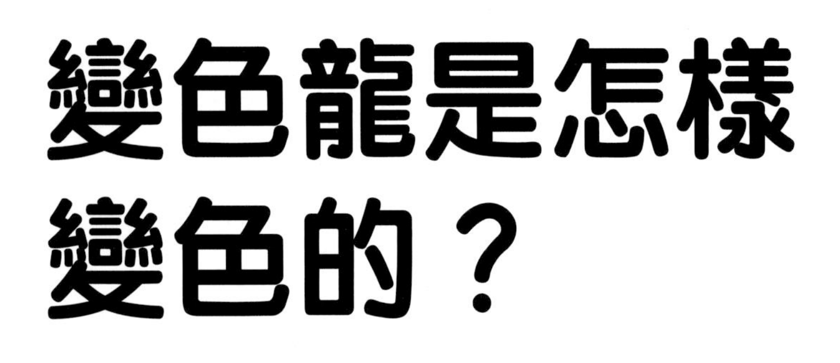

變色龍是怎樣變色的？

變色龍很輕易就能變色，就如你點頭一樣簡單。牠們只需要移動皮膚下一些微細的晶體就可以變色，而不同的顏色則代表着牠們不同的心情。

紅色代表展示

雄性變色龍變成紅色時，代表牠們很興奮，可以趕走其他雄性或是吸引異性。

鏡子的原理

變色龍有些顏色來自皮膚下的晶體，這些晶體就像反光的小鏡子。當變色龍在興奮狀態，晶體會移開，排列得比較疏離，皮膚的顏色就會由藍綠色變成橙紅色。

緊密排列的晶體會反射更多藍光

排列疏離的晶體會反射更多紅光

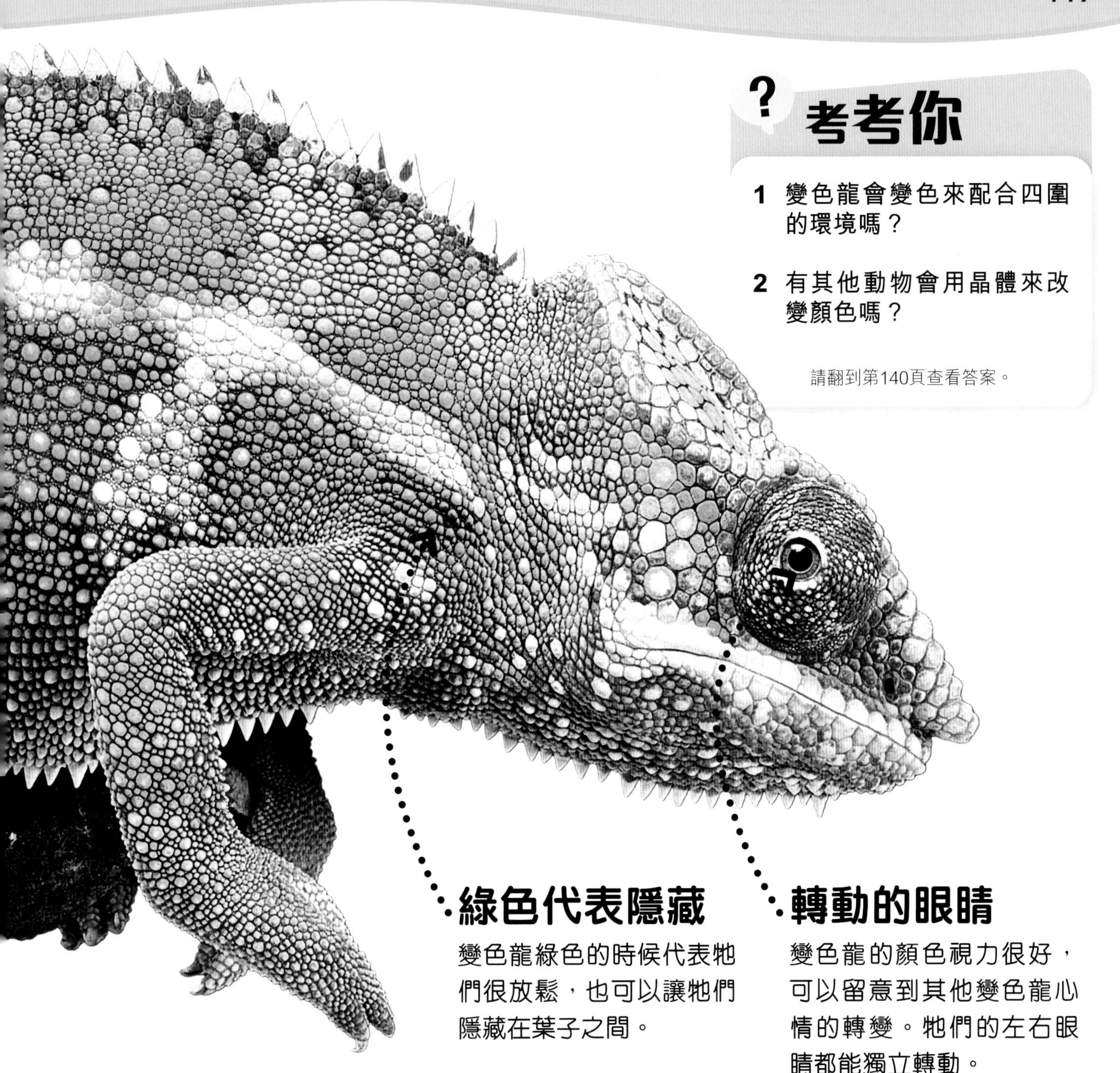

? 考考你

1 變色龍會變色來配合四圍的環境嗎？

2 有其他動物會用晶體來改變顏色嗎？

請翻到第140頁查看答案。

綠色代表隱藏

變色龍綠色的時候代表牠們很放鬆，也可以讓牠們隱藏在葉子之間。

轉動的眼睛

變色龍的顏色視力很好，可以留意到其他變色龍心情的轉變。牠們的左右眼睛都能獨立轉動。

還有哪些動物可以變色？

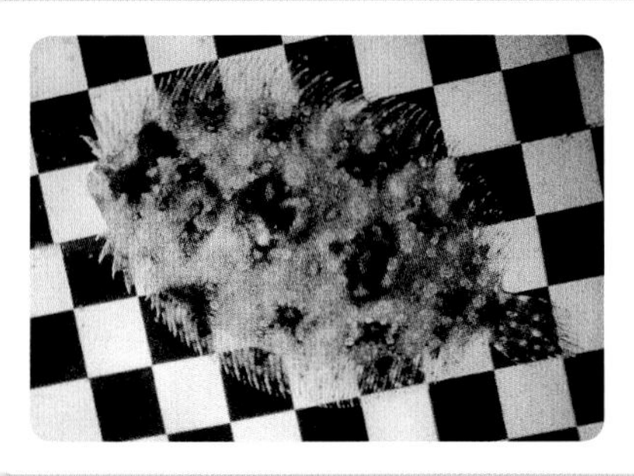

比目魚

有些比目魚很會變色，還可以變成附近環境的顏色。

黃金金龜子

這隻甲蟲可以由金色變色為紅底黑點，嚇走雀鳥和其他想要吃掉牠們的捕獵者。

為什麼蛇會伸出舌頭？

牠們看起來不太有禮貌，但蛇伸出舌頭是有原因的。除了嚐味道外，蛇的舌頭還可以感應到空氣中的氣味——例如新鮮獵物的氣味。

考考你

1 所有蛇都是捕獵者嗎？

2 蛇還有其他方法尋找獵物嗎？

請翻到第140頁查看答案。

眼觀四面

蛇的視力也不錯，但通常還不足以捕獵。

犁鼻器

舌頭會將氣味傳送到犁鼻器，犁鼻器是負責嚐味的，位於蛇口的頂部。

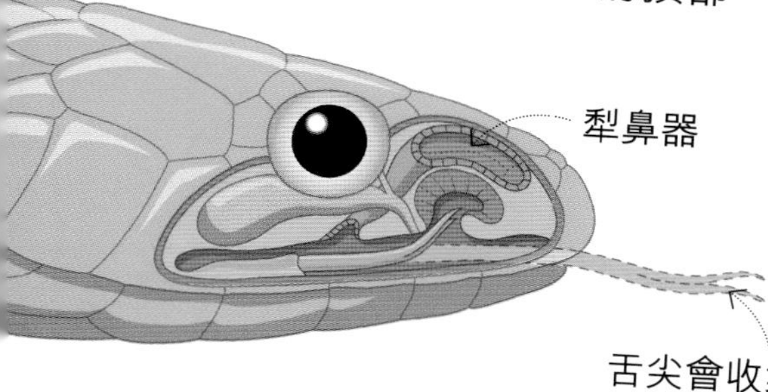

分岔的舌頭

分岔的舌頭可以收集到從兩邊傳來的氣味，蛇便能知道氣味自哪一個方向傳來。

動物還可以用舌頭來做什麼？

降温

當狗隻喘着氣伸出舌頭，舌頭表面上的濕氣便會蒸發。這樣可以幫助牠們的身體降温。

梳洗

濕潤的舌頭也像濕布一樣可以用來梳洗。老虎的舌頭上還有刺毛，牠們可以自我擦洗一番。

捕獵

變色龍的舌頭可以很快地伸得很遠，非常合適用來抓昆蟲。牠們舌頭的尖端還有一個吸管，可以吸住昆蟲，防止變色龍的大餐逃脫。

什麼是墨西哥鈍口螈？

墨西哥鈍口螈是一種蠑螈，是一種像蜥蜴般的兩棲類動物，但牠們是不會長大的。其他蠑螈一開始是用鰓呼吸的蝌蚪，稍後才生出肺部，可以在陸上呼吸。然而，鈍口螈卻一直使用鰓呼吸，整輩子都在水裏生活。

薄皮膚

鈍口螈的皮膚很柔軟很薄，氧氣可以直接由此進到血液裏。

考考你

1 鈍口螈有骨頭嗎？

2 鈍口螈是瀕臨絕種的動物嗎？

請翻到第140頁查看答案。

羽毛般的鰓

鈍口螈主要用牠們羽毛般的鰓來在水中呼吸。牠們也會透過鰓部排出一些身體廢物。

野生的鈍口螈只有在墨西哥城郊外的兩個湖中找到。

重新生長

動物受傷後，傷口通常都能自行癒合，不過鈍口螈就算是失去一肢，也可以重生長出。

還有哪些動物不會長大？

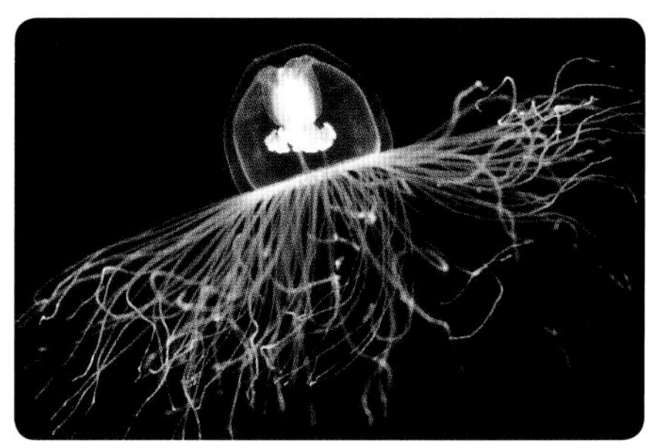

燈塔水母

這隻小小的水母會安置在河牀，然後回到牠們像海葵那樣的嬰兒狀態，重新開始發展，所以可能牠們真的是永垂不朽的！

無翼蚜蟲

蚜蟲是吸食樹液的。當糧食充足時，牠們生出來的嬰兒不會長出翅膀，因為牠們不需要飛往另一處尋找食物。

龍是真的嗎？

你在故事書中讀到的那些噴火龍在真實世界並不存在，但有另一種龍是真實存在的。科莫多龍的名字來自牠們住處的島嶼名稱，牠們是世界上最大的蜥蜴。

看圖小測驗

哪一種小甲蟲會在尾部噴出灼熱的液體來嚇走敵人？

請翻到第140頁查看答案。

科摩多龍可以長成鱷魚般的大小。

分岔的舌頭

科莫多龍是島上最大的捕獵者。牠們會伸出舌頭來感應幾公里外的獵物的氣味。

重量級體型

最大型的科莫多龍體重比成年人還要重，牠們有足夠的力量去擒獲像鹿隻般大小的動物。

還有哪些動物樣子像龍？

傘蜥蜴

當這種蜥蜴感受到危險時，會舉起頸部的褶邊，圍着頭部，使牠們看起來大一些。

飛蜥蜴

這種蜥蜴可以伸展肋骨，打開身體的襟翼，方便牠們在樹木之間滑翔。

粗硬的皮膚

跟所有兩棲類動物和故事中的龍一樣，科莫多龍身上有許多硬鱗片。這些鱗片就像戰爭裏的盔甲，畢竟牠們也需要跟其他動物為食物而戰。

殺人利爪

像故事書中的龍一樣，科莫多龍的爪又長又尖，方便牠們找出大型獵物。

為什麼箭毒蛙的顏色那麼鮮豔？

箭毒蛙顏色很鮮豔，使牠們在熱帶雨林裏像是地上的珠寶一樣發亮。這些鮮豔的顏色除了讓牠們看起來很漂亮，也警告捕獵者不要走近，因為這些箭毒蛙的毒性是可以致命的。

對或錯？

1 所有箭毒蛙的毒性都可致命。

2 被關起來的箭毒蛙會隨着時間失去毒性。

請翻到第140頁查看答案。

不同的顏色

這種箭毒蛙被稱為草莓箭毒蛙，因為牠們擁有紅色的皮膚，但也有其他箭毒蛙是黃色或藍色的。

致命的黏液

箭毒蛙的毒性源於皮膚表面上的黏液。

昆蟲餐單

箭毒蛙的毒性來自牠們吃的某些細小節肢動物，例如圖中的蟎蟲或螞蟻。

還有什麼原因動物要有鮮豔的顏色？

警告

大藍閃蝶的翅膀是亮麗的藍色。當附近有吃昆蟲的雀鳥出現，大藍閃蝶會打開翅膀振翅，閃爍的藍色可以把捕獵者嚇走。

捕獵

蘭花螳螂的顏色配合着牠們藏身的花朵，這樣牠們就可以靜待來吸食花蜜的昆蟲，攻其不備。

陸龜的壽命有多長？

陸龜的確過着緩慢的生活。巨型的龜殼使牠們移動緩慢，而作為冷血動物，牠們的身體也比我們的操作得更慢一些，但也更耐用。因此巨型的陸龜可以存活超過一個世紀。

老邁的腳

年紀很大的陸龜可能會有關節炎，這使牠們走得更慢。

還有哪些動物很長壽？

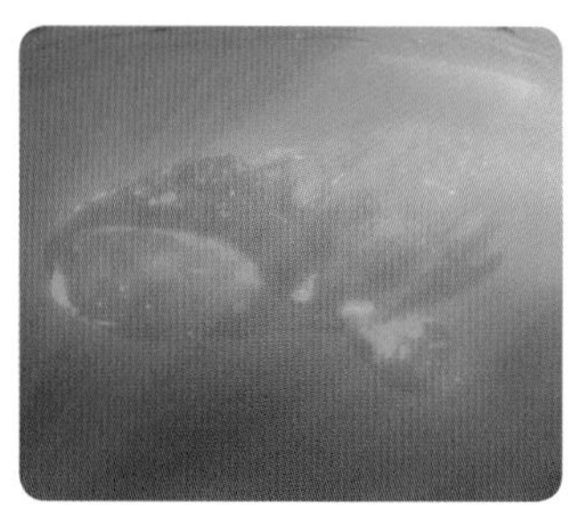

長壽巨物

鯨都很長壽，當中以弓頭鯨壽命最長，牠們的壽命遠遠超越其他哺乳類動物。有些弓頭鯨100年後還在生育，而有些可以有200歲的壽命。

長久統治

昆蟲通常活得不久，但白蟻后卻可以活到50歲。牠們畢生都活在白蟻穴的深處產卵，生出白蟻國的工蟻。

生長輪

陸龜殼的龜板會隨着陸龜成長而變得越來越闊，有些每年就會長出一環，有點像樹幹的年輪。

看圖小測驗

哪種雀鳥會畢生40年都住在一起？

請翻到第140頁查看答案。

粗硬的鱗片

陸龜和其他兩棲類動物一樣，皮膚上都有鱗片。這些鱗片的表面很堅固，像角一樣，剝落後會由底層的補上。

2006年，一隻很可能是在1750年左右出生的巨大陸龜在動物園中死去。

爬行類動物都是冷血的嗎？

世上有超過10,000種爬行類動物，大部分都居住於熱帶地區。

爬行類都是冷血動物，但牠們的體温會隨着環境改變。在清涼的時間，爬行類動物的血液是冷的，但隨着太陽出來，血又變成暖的。如果蜥蜴太冷，肌肉會變得緩慢，令牠們不能跑來跑去。

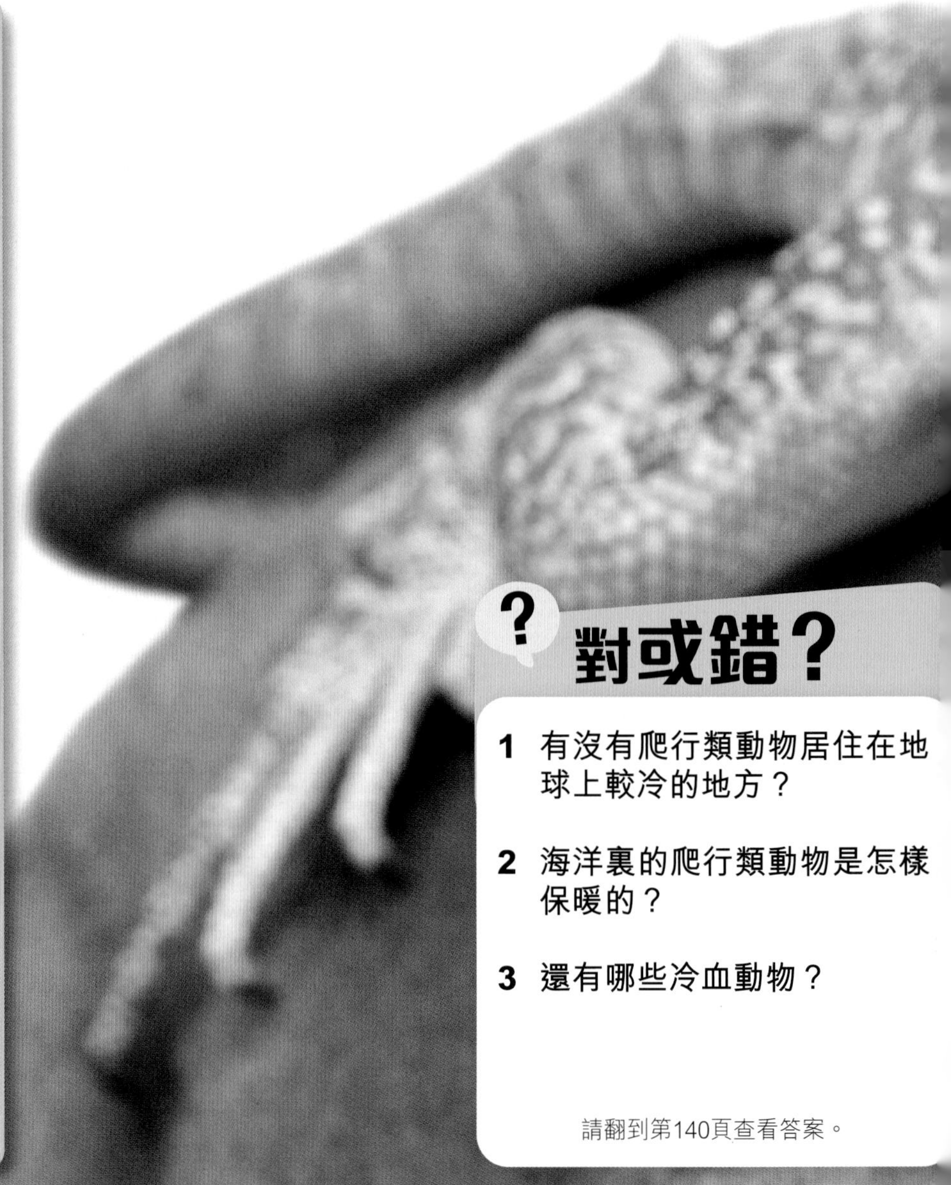

升温與降温

升温

爬行類動物很喜歡曬太陽，就像這隻龜一樣，透過太陽的熱力，牠們可以升温，然後會變得更活躍。

降温

若然留在陽光下太久，有些爬行類動物會過熱。鱷魚會打開口來降温，熱力會從口部流失，就像狗隻伸出舌頭喘氣一樣。

對或錯？

1 有沒有爬行類動物居住在地球上較冷的地方？

2 海洋裏的爬行類動物是怎樣保暖的？

3 還有哪些冷血動物？

請翻到第140頁查看答案。

日間視力

蜥蜴在日間溫暖的時候比較活躍，牠們會在日間覓食和尋找配偶，有些蜥蜴的視力比大部分哺乳類動物還要好。

鱗片皮膚

蜥蜴和其他爬行類動物全身都以鱗片覆蓋，防止皮膚在太陽熱力下失去水分而變乾。

熱成像

這張蜥蜴的圖片稱為熱成像。熱成像攝錄機會用不同的顏色來顯示不同的溫度。太陽令蜥蜴身體的某些部分變暖（橙色的部分），但其他部分仍然是冷的（紫色）。

日光浴浴牀

爬行類動物很喜歡曬太陽。在清涼的早上，牠們通常都會找一處太陽照及的地方，例如石頭的表面，來加快身體升溫。

為什麼青蛙都黏糊糊的？

如果你試過捉住一隻青蛙，你便知道牠們身體有多滑。青蛙的皮膚滲着黏液，這樣可以防止皮膚乾涸，也可以保護牠們免受感染。有些青蛙的黏液有毒性，可以嚇走捕獵者，其他的青蛙則用牠們的黏液來造巢穴放置青蛙蛋。

有些有毒的青蛙會製造可以致命的黏液。

用腳抓住

青蛙腳趾上的黏液使牠們可以黏着樹葉和樹枝，青蛙會在很高的樹枝上產卵，以防青蛙蛋被下面的動物吃掉。

考考你

1 為什麼蛇和蜥蜴不是黏糊糊的？

2 人類會生產黏液嗎？

3 下雨會把青蛙身上的黏液洗掉嗎？

請翻到第140頁查看答案。

黏黏的泡沫

森青蛙會把黏液打成泡沫，將青蛙蛋放在泡沫裏。泡沫的外層會變硬，保護內裏潮濕的青蛙蛋。

後腳

青蛙會用後腳來將身上的黏液與空氣混和，形成細小的泡沫。

蝌蚪

青蛙蛋會孵化成蝌蚪。蝌蚪會掉進巢下的水中，然後慢慢長成青蛙。

其他黏糊糊的動物

蝸牛

蝸牛產生的黏液會形成一個黏液地毯，幫助蝸牛的腳可以向前滑。蝸牛走過的路，都會留下黏液的蹤跡。

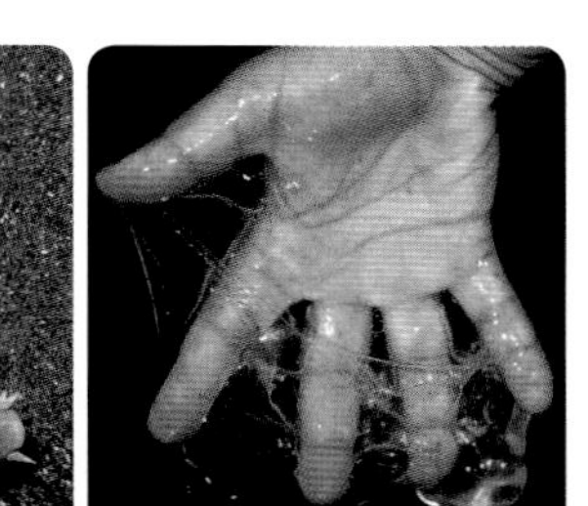

盲鰻

盲鰻是世上可以分泌最多黏液的動物，牠們甚至會用黏液塞住那條想吃牠們的魚的鰓。一條盲鰻可以在數分鐘內產出一桶黏液。

鱷魚真的會流淚嗎？

眼裏有淚水並不一定代表那隻動物很傷心。鱷魚傷心的時候不會哭，但會像人類一樣會在眼睛很乾的時候流淚，這些淚水會保持牠們的眼睛清潔。

鱗狀皮膚

鱷魚全身都是堅硬、防水的鱗片。

動物能感受到人類的情感嗎？

笑着的鬣狗

鬣狗在很害怕或興奮的時候會發出一些笑聲，但這些笑聲不代表牠們很快樂。牠們被其他鬣狗欺負的時候，也會發笑。

喪傷的大象

有些科學家認為大象能像人一樣感受到傷心的情緒。當大象羣裏有一隻大象死去，大象們會短暫陪伴那死去的同伴，甚至流出「真正」的眼淚。

機警的眼

鱷魚的眼睛生在頭頂上，所以就算牠們的身體潛在水裏，牠們仍然能看到水面上的情況。

製淚

鱷魚眼淚在一些小囊中製造，再經由一些微細的管道流到眼睛表面。鱷魚有特別的第 3 層眼蓋，會將眼淚塗到眼球表面。

咬一口

當鱷魚大力合上口時，那咬合的力度也可使眼淚流出。

對或錯？

1 鱷魚傷心的時候會哭。

2 鹹水鱷是最大、最多眼淚的鱷魚。

3 很多動物都有第3層眼蓋。

請翻到第140頁查看答案。

詞彙表

Algae 水藻
植物般的生物，許多都很細小而且在水裏生活。

Amphibian 兩棲類動物
有脊椎、冷血、皮膚濕潤的動物。青蛙、水螈和蠑螈都是兩棲類動物。大部分兩棲類動物都會在陸地上生活，但在水裏繁殖。

Antennae 觸角
某些昆蟲頭部的「感應器」。

Camouflage 保護色
動物改變自己的外觀例如顏色和形狀，使牠們可以隱藏在環境裏。

Carbon dioxide 二氧化碳
動物排放的廢棄氣體，動物透過肺或腮來呼出二氧化碳。

Carnivore 肉食性動物
吃肉的動物。

Cell 細胞
微小的組織，是所有生物的基本組成部分。

Cold-blooded 冷血動物
爬行類、兩棲類、魚類和昆蟲類都是冷血動物。牠們的體溫會隨着四周環境的溫度而轉變，可以變冷，也可以變暖。

Coral 珊瑚
一種羣居的動物，依附着海洋的底部生活。

Digestion 消化
動物身體分解食物的方式，好讓食物可以被帶到身體各個細胞。

Echolocation 回聲定位
透過發出聲響，然後聆聽回聲來定位的方式。海豚在混濁的水中會用回聲定位來捕獵魚類；蝙蝠也用回聲定位來在晚間追隨飛行的昆蟲。

Endangered 瀕臨絕種
只剩下很少數的野生動物，這些動物有可能會絕種。

Extinct 絕種
某動物已經沒有任何活着的個體，例如恐龍已絕種。

Gill 鰓
有些動物例如魚，會用鰓在水裏呼吸。水裏的氧氣經過鰓便可以進到血液裏。

Gland 腺
動物身體裏負責製造對牠們有用的物質——例如製汗，令皮膚保持涼爽；或是製唾液，幫助消化食物。

Habitat 棲息地
動物或植物通常生活的地方。

Herbivore 草食性動物
吃草的動物。

Hibernation 冬眠
動物在冬天時關閉身體系統，進入深度睡眠。當氣温驟降，而沒有很多糧食，冬眠是生存的好方法。

Invertebrate 無脊椎動物
沒有脊椎的動物。所有昆蟲都是無脊椎動物。

Mammal 哺乳類動物
有脊椎、恆温的動物，通常皮膚都有毛髮。人類、獅子和鯨魚都是哺乳類動物。哺乳類動物的母親會餵孩子飲奶。

Marsupial 有袋動物
一種哺乳類動物，牠們生的孩子體型很小，通常成長初期會留在母親的袋裏。袋鼠和樹熊都是有袋動物。

Migration 遷徙
動物按某個規律前往不同地方。牠們通常是為了覓食或繁殖。

Monotreme 單孔目動物
生蛋的哺乳類動物。世上只有鴨嘴獸和針鼴兩種單孔目動物。

Muscle 肌肉
身體的一部分。收縮肌肉時，我們便可以郁動。有些肌肉也是器官的一部分，例如心臟。其他肌肉則連結於骨骼。

Nerve 神經
身體負責傳送電力訊號的纖維。有些神經會將訊號帶到大腦，其他則傳送訊號到肌肉使它們收縮。

Nocturnal 夜間動物
夜間才活躍的動物，牠們會在日間睡覺。

Omnivore 雜食性動物
既吃草，又吃肉的動物。

Organ 器官
身體的一部分，負責某特定功能。例如，心臟是負責泵血的器官。

Oxygen 氧氣
支撐生命的氣體。動物透過肺、腮或皮膚呼吸來得到氧氣。

Paralyse 癱瘓
當動物的肌肉停頓，牠們不能動，就是癱瘓了。有些動物能產生一些癱瘓獵物的毒液。

Pheromone 費洛蒙
動物釋放出的化學氣味，用來向同類傳送信息。例如，警告同類附近有危險。

Placental 胎盤動物
一種哺乳類動物，在嬰兒出生前會留在母親的子宮裏成長。人類、老鼠和大象都是胎盤動物。

Plankton 浮游生物
在海裏或湖裏游泳或浮游的微小動物或植物。有些小得要用顯微鏡才能看到。

Polyp 珊瑚蟲
一種生物，與許多同類一起組成珊瑚礁。每條珊瑚蟲都有刺人的觸手來捕捉獵物。

Predator 捕獵者
殺死另一生物為糧食的動物。

Prey 獵物
被捕獵者殺死當為糧食的動物。

Queen 皇后
某種昆蟲羣體裏負責產卵的雌性，例如蜜蜂、螞蟻或白蟻。

Reef 珊瑚礁
巨大的石型結構，常見於熱帶海岸，由珊瑚組成。

Reptile 爬行類動物
有脊椎的冷血動物，皮膚乾而有鱗。陸龜、蜥蜴、蛇和鱷魚都是爬行類動物，大部分都在陸地上產卵。

Sea anemone 海葵
海洋裏的柔軟動物，身上有刺人的觸手用來捕捉小動物。

Scavenger 食腐動物
以動物屍體剩餘部分為糧食的動物。

Tusk 長牙
很長的牙齒，通常伸到口部以外。大象和海象都有長牙。

Ultraviolet 紫外光
只有某些動物才能看見這種光，例如蜜蜂。人類肉眼看不見紫外光。

Venom 毒液
動物咬人或刺人時用來捕獵或自衛的化學物質。

Vertebrate 有脊椎動物
有脊椎的動物。魚類、兩棲類、爬行類、鳥類和哺乳類動物都是有脊椎動物。

Warm-blooded 恆温動物
哺乳類和鳥類都是恆温動物。即使環境寒冷，牠們的身體會提供足夠熱力保暖。

問題

1. 對比體型來說，哪種雀鳥擁有**最大的喙**？

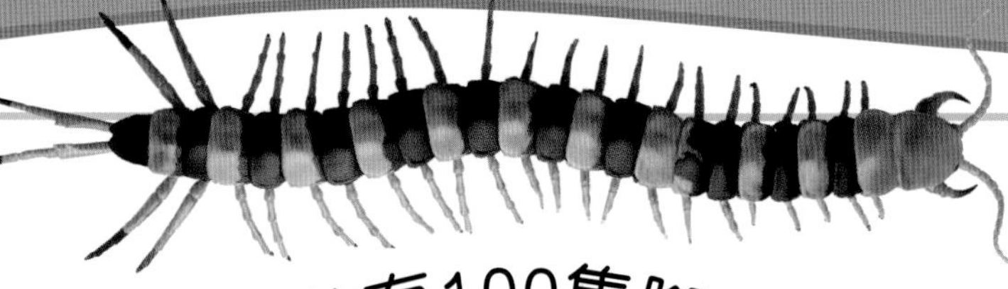

2. 蜈蚣真的有100隻腳嗎？

3. 哪種動物的**糞便是正方形**的？

4. **響尾蛇如何響尾發聲？**

5. 哪種雀鳥**可以向後飛？**

6. 除了人類外，還有哪種動物**睡在牀褥**上？

7. **八爪魚**有多少個**心臟**？

8. **所有貓都能喵喵叫嗎？**

9. 哪種動物**下的蛋最大**？

10. 哪種動物的**父親會懷孕？**

大考驗！

誰最了解動物世界呢？用這些棘手的問題考考朋友和家人吧。

答案

1. 大嘴鳥。

2. 視乎不同品種，牠們有**30至382隻腳**，但沒有一種是剛好100隻腳的。

3. 袋熊。

4. 牠們的尾巴有能高速搖動的肌肉，可以搖動尾巴頂端空心的鱗片而發響。

5. 蜂鳥。

6. **紅毛猩猩**。牠們會用樹葉和樹枝築起一個柔軟的牀。

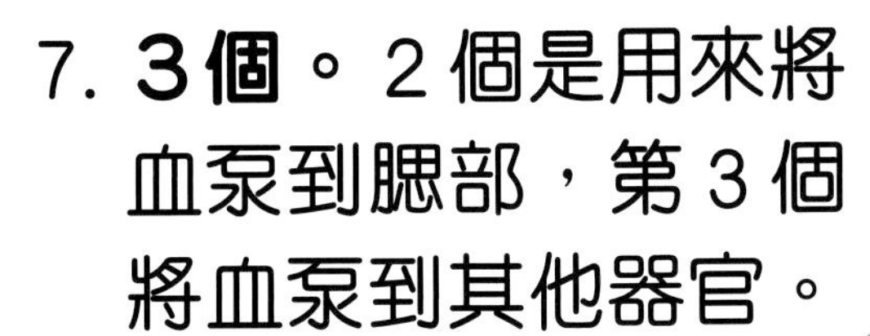

7. **3個**。2個是用來將血泵到腮部，第3個將血泵到其他器官。

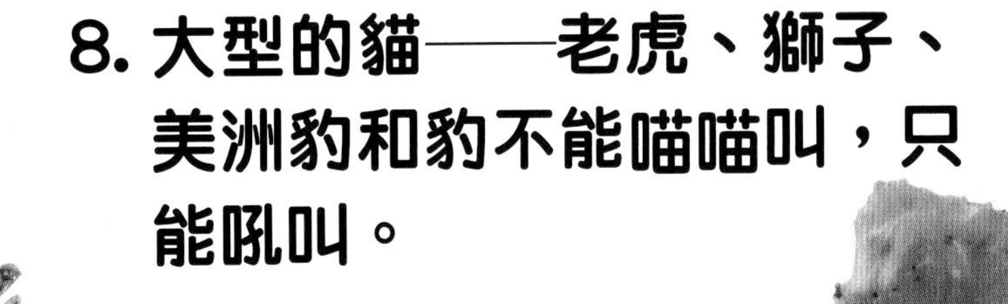

8. 大型的貓——老虎、獅子、美洲豹和豹不能喵喵叫，只能吼叫。

9. 鴕鳥。

10. **海馬爸爸**會收集受精卵，放到牠們的口袋中讓卵成長，直至牠們**「把孩子生出來」**。

全書答案

第8頁

1 捕獵大駝鹿的狼羣，成員約15至20隻。

2 通常不同的狼羣彼此會保持距離。牠們若真的遇上了，便可能會打架。

3 狼吼叫是為了呼喚狼羣歸隊，然後一起嚇走其他狼羣。

第11頁

1 動物的外表或顏色會幫助牠們融入環境中。

2 不太多其他貓科動物有條紋，不過像歐洲野貓及一些家貓會有條紋。

3 條紋可以使捕獵者感到暈眩或混淆，也可以使斑馬之間互相辨認。

第12頁

1 是的，蝙蝠視力很好。然而，牠們像其他晚間活躍的哺乳類動物一樣，大部分都不能看見顏色。

2 大部分蝙蝠都會運用聲盒，但有些可以用舌頭發出嘀嗒聲。有些蝙蝠在鼻子上有結構可以像巨大的電話那樣運作。

3 不，有些蝙蝠會吃水果、花蜜或花粉。有些大蝙蝠會吃雀鳥、蜥蜴、青蛙，甚至是魚。吸血蝠則特別嗜血。

第15頁

1 北極圈。

2 牠們有一層厚厚的脂肪，可以保暖。

3 雄性有時會用海象牙來打鬥。

第17頁

天鵝。

第19頁

胎盤哺乳類動物。

第21頁

1 非洲和熱帶亞洲。

2 大象壽命約有70歲。

3 大象羣裏最年長的女性和領袖。

第23頁

1 錯。駱駝燃燒駝峯裏的脂肪時會產生一些水份，但牠們仍然要喝水。

2 對。人類把駱駝帶到澳洲。

3 對。唾液裏還混和了一些腸胃消化過的物質來達到額外效果！

第24頁

哈士奇。

第27頁

1 不，只有蜘蛛猴、絨毛猴和吼猴的尾巴可以用來抓住東西。

2 長臂猿最快可以用每小時55公里的速度前進。不過牠們其實是小猿，而不是猴子。

3 許多猴子有雙對立的拇指和大腳趾，所以牠們可以用相反方向的手指或腳趾抓住樹枝。

第29頁

1 老鼠。老鼠的牙齒會因為咀嚼而磨蝕，但也會自然地再生。

第30頁

1 哨兵尖叫一聲，整羣狐獴都會逃到安全的地方。

2 牠們會從地洞逃走，牠們也是在地洞中養育小孩和睡覺。

3 不，一羣狐獴通常有10至15隻，自兩或三個家庭。

第32頁

1 牠們柔軟的毛就絨毛一樣，不同方向都可以履平，讓鼴鼠可以輕易地在地洞中前後移動。

2 當鼴鼠從很深的隧道中推出泥土，地面上會出現一些泥土堆。

3 鼴鼠每天可以吃下自己體重一半的食物，主要是吃蚯蚓和昆蟲；星鼻鼴鼠主要吃蝦和魚。

第34頁

1 靠日光來看東西的動物，通常顏色視力也很好。

2 有些人天生就是色盲的，因為他們眼睛裏有些感應顏色的細胞失效了。

第36頁

1 牠們吃的食物種類很廣泛，包括動物和植物。

2 北極熊

3 大熊貓。

第39頁

1 南極洲唯一的陸地獵食者是海鳥。企鵝蛋可能被海鳥吃掉，例如賊鷗或海燕。

2 加拉帕戈斯企鵝。牠們只在南美洲對出太平洋海岸的加拉帕戈斯羣島上找到，剛好就在赤道以南。

3 沒有，北極圈也有不少陸地捕獵者，例如北極熊和北極狐，所以附近的雀鳥需要懂得飛才能逃離危險。

第42頁

翠鳥。

第44頁

1 在動物園裏，牠們不能吃豐年蝦或水藻，所以要進食有特別的餐單，內裏含有令牠們變成粉紅色的物質。

2 紅鶴出生時喙是直的，隨着年紀增長，才會變成弧形。

3 一隻。

第46頁

1 b。

2 a。貓頭鷹的眼球太大，以致不能轉動，牠們必須把整個頭轉往不同方向。

第48頁

1 錯。這種説法也許是因為鴕鳥有時會坐在地上，頭部和頸部也伸到地上，來避免危險。

2 對。鴕鳥可以半小時之內保持50公里每小時的速度，最快還可以達至70公里每小時。

第50頁

1 b。

2 a。

第53頁

1 許多不會遷徙的雀鳥會吃一些全年都供應充足的野莓、種子或蟲。或者牠們會居住在熱帶地區，那裏常常都很溫暖。

2 不，遷徙路徑有很多，視乎動物的不同需要。

3 不，長途遷徙可以每天發生。海洋裏有許多動物每晚都會由深海游到水面上覓食。

第54頁

普通樓燕。

第56頁

1 有些蜂鳥會用蜘蛛網來築起像頂針大小的鳥巢。牠們的蛋比青豆還要小。

2 不，許多海鳥都會在岩石上下蛋；白玄鷗則會在樹枝上的凹槽裏下蛋。

3 許多細小的哺乳類動物、棘背魚和鱷魚都會為孩子築巢。有些昆蟲，例如白蟻，會築起動物界裏最大的巢。

第58頁

1 對。成年皇帝企鵝站起來有130厘米高，也是所有雀鳥中第5最重的。

2 錯。其他雀鳥會沿南極洲的海岸線下蛋，但皇帝企鵝是在最南方繁殖的雀鳥。

第61頁

1 b。

2 c。一對鷹每年都會用相同的鳥巢，然後每年加上樹枝使它越來越大。

第63頁

1 對。

2 對。例如牠們會為了展示自己的領域而敲木。

3 對。

第66頁

1 對。許多深海魚都會發光——可以是為了吸引異性、混亂捕獵者或吸引獵物。

2 對。沒有兔子可以自然發光，但科學家卻有辦法令兔子發光。

第69頁

1 不，有些鸚嘴魚需要找一處有遮蓋的地方。

2 不，許多魚在晚間很活躍，反而在日間睡覺。

第70頁

1 有，最大的雞泡魚會用牙齒來打開蚌、蜆和甲殼類動物。

2 細小的雞泡魚也膨脹，但牠們通常會躲於石頭之間來避開危險。

3 牠們慢慢地讓海水從口部流出。

第72頁

北魷。

第74頁

1 錯。鯊魚咬人通常都是意外。

2 對。牠們會生出新的牙齒來代替掉落的舊牙。

第76頁

1 每條珊瑚蟲的觸手都有細小的刺。

2 珊瑚在有陽光照射的溫水中生長得最好。當珊瑚生長茂盛，便會形成巨大的石陣，整個結構稱為珊瑚礁。

第78頁

1 a。

2 b。

第80頁

1 已知的動物中，住得最深的是獅子魚，牠們的外形奇特，有點像蝌蚪，住在海底8,000米深的地方。

2 科學家會利用特別的潛水艇探索深海。

第82頁

1 海葵會吃微小的浮游生物，牠們會用觸手癱瘓獵物。

2 是的，所有魚都有黏液，保護牠們遠離寄生蟲或受傷。

3 是的，海葵是與水母同種類的動物。

第85頁

沙漠響尾蛇，是響尾蛇的一種。

第86頁

1 對。食人鯧家族有數十種成員，牠們全都住在熱帶的南美。

2 錯。有些食人鯧會吃種子、堅果或水果。

3 錯。牠們大部分都是日間活躍的。

第89頁

1 b。曾經有些鐮齒喙鯨擱淺在沙灘上，我們才知道有牠們的存在。沒有人見過活生生的鐮齒喙鯨。

2 a。牟利的捕鯨在1986年被禁止，希望鯨可以慢慢回復原本的數量。

第93頁

1 蒼蠅沒有水黽那些特別的防水蠟毛，所以牠們會沉入水中。

2 動物需要很輕才能讓水的表面承托牠們的身體。

3 有，有些昆蟲和蜘蛛可以。巴西微型壁虎是一種蜥蜴，牠們有特別的防水皮膚，可能是最小、可在水上行走的有脊椎動物。

第94頁

1 錯。雄性蜜蜂會留在蜂巢附近。

2 錯。有些蜜蜂，例如黃蜂，會在冬天冬眠，但蜜蜂在冬天仍然很忙碌。

3 對。花蜜含有豐富糖份，用來製造蜜糖，為蜜蜂提供能量。花粉含有豐富蛋白質，會幫助讓蜂卵孵化成長。

第97頁

1 還有其他動物會吃糞便，但牠們不會把糞便埋起來。如果沒有糞金龜，四圍便會有更多糞堆！

2 牠們的腳有特別的「牙」，有點像犁耙，會幫助牠們將糞便弄成球狀。

3 有些糞金龜媽媽會從蛋孵化開始便一直陪伴糞金龜嬰兒，為牠們保持清潔。

第99頁

1 不，蟻后會產生出一種化學氣味，阻止工蟻自行繁殖。

2 有翅膀的蟻后和雄性螞蟻會每年一次走出巢穴——通常是在溫暖潮濕的氣溫下，然後交配繁殖，建立新的王國。

3 不，螞蟻有超過10,000種不同種類，牠們的行為亦大相逕庭。行軍蟻是很進取的肉食性動物，會吃掉其他細小的動物。

第101頁

1 錯。當頭虱嬰兒孵化後，那空洞的蛋會變成白色，這些空洞的殼就稱為蝨卵。

2 錯。頭虱似乎沒有特別喜歡乾淨或骯髒的頭髮。

3 對。如果兩個人的頭碰在一起，牠們可以從一個人的頭髮爬到另一個人的頭上。

第103頁

1 會，有些蜘蛛會將卵產在絲繭裏。其他細小的蜘蛛則將絲線射到半空中，等候吹過的風，連絲帶蛛的吹起牠們。

2 來自馬達加斯加的達爾文樹皮蛛可以編織出25米長的蜘蛛網，這些網還可以橫跨河道！

3 由許多絲層組成的複雜網，會隨着時間而變大的。

第104頁

1 對。因為蛞蝓沒有殼的保護，牠們寧可留在地底下或在木頭下。

2 對。小灰蝸牛會吃植物的葉子。

3 對。有些蝸牛會住在海洋裏，大部分都用腮呼吸。

第107頁

1 不，只有雌性蚊子會吸血，雄性蚊子是吃花蜜的。

2 是的，在某些國家裏有某些品種的蚊子會傳染危險的疾病，例如瘧疾或黃熱病。

3 蚊子叮人時，會注射一種化學物質，讓血液流得更暢順。我們的身體對這種物質有反應，令蚊叮感到痕癢。

4 雌性蚊子會用長而尖的口部來吸血。

第108頁

雌性的亞歷山大鳥翼鳳蝶，翼闊長達28厘米。有兩種飛蛾——皇蛾和強喙夜蛾的翼也差不多大小。

第111頁

1 有些大的捕鳥蛛摩擦腿上的短毛時也會發出嘶嘶聲；有些蛇將皮膚上的鱗片互相摩擦時也會發聲。

2 不，不同的草蜢會發出不同的聲音。

3 蟬所發出的聲音可能是昆蟲界中最大聲的。

4 因為老鼠的歌聲音域太高，超出了我們能聽見的範圍。

第115頁

1 壁虎會爬到獵物（例如昆蟲）那裏去。

2 不，有些壁虎住在一些不用爬牆的環境，例如沙漠。

3 名字來自於某些壁虎的叫聲，牠們的叫聲像是在説「gecko」。

第117頁

1 不，變色龍最放鬆時是綠色或啡色的，好讓牠們融入環境，牠們只會在興奮時才轉變顏色。

2 有些其他蜥蜴跟變色龍一樣用晶體來變色。

第118頁

1 除了有幾種蛇是吃蛋的之外，其他所有蛇都會捕獵活生生、會移動的獵物。

2 有的，響尾蛇和部分蝰蛇都有特別的感應器可以探測由恆溫動物傳來的體溫。

第120頁

1 是的。

2 是的，野生鈍口螈瀕臨絕種，主要是因為污染問題。

第122頁

放屁蟲。

第124頁

1 錯。只有部分箭毒蛙有毒。

2 對。當箭毒蛙被關起來，吃不到那些令牠們有毒的一些昆蟲，牠們便會失去毒性。

第127頁

信天翁。

第128頁

1 有，胎生蜥蜴是居住最北的爬行類動物，牠們住在北極圈內。

2 大部分的冷血動物會留在熱帶地區温暖的表面。然而，革龜可以在肌肉裏產生熱力，讓牠們可以居住在較冷的海洋。

3 大部分的動物，包括兩棲類、魚類和昆蟲都是冷血的。雀鳥和哺乳類動物（包括我們）都是恆温動物。

第130頁

1 蛇和蜥蜴有堅硬和乾涸的鱗片來保護皮膚，所以不用黏液。

2 會的，人類也有產生黏液。當我們打噴嚏時，就會出現鼻涕！

3 不，黏液是有黏性的，青蛙整個身體都有黏液保護，游水時也不例外。

第133頁

1 錯。

2 對。鹹水鱷是唯一一種會恆常地游到鹹海水裏的鱷魚。牠們靠眼淚來排出多餘的鹽份。

3 對。有些動物，包括鱷魚，有第 3 層眼蓋。牠們眨第 3 層眼蓋可以保護眼睛和幫忙塗開水份。

中英對照索引

二畫

三畫

四畫

五畫

六畫

七畫

八畫

九畫

十畫

十一畫

十二畫

十三畫

謹向以下單位致謝，他們都為這本書中付出良多：

Caroline Hunt（校對）；Helen Peters（製作索引）

The publisher would like to thank the following for their kind permission to reproduce their photographs:

(Key: a-above; b-below/bottom; c-centre; f-far; l-left; r-right; t-top)

4 Dreamstime.com: Shawn Hempel (crb). **8-9 Alamy Images:** Corbis Super RF (t). **9 Alamy Images:** Matthias Graben / imageBROKER (bl); Duncan Murrell / Steve Bloom Images (bc). **10 Corbis:** Peter Langer / Design Pics (bl); Norbert Wu / Minden Pictures (cl). **10-11 Dreamstime.com:** Julian W / julianwphoto. **12-13 Corbis:** Michael Durham / Minden Pictures (t). **13 Alamy Images:** FLPA (bc). **Getty Images:** Alexander Safonov / Barcroft Media (bl). **14-15 Corbis:** Sergey Gorshkov / Minden Pictures. **14 Getty Images:** Paul Nicklen / National Geographic (bl); Manoj Shah / Oxford Scientific (clb). **16-17 Alamy Images:** Martin Harvey. **17 Alamy Images:** Andrew Parkinson (tr). **Getty Images:** Nick Garbutt / Barcroft Media (br); MyLoupe / UIG (cr). **18-19 Alamy Images:** David Watts / Visuals Unlimited. **18 Dorling Kindersley:** Booth Museum of Natural History, Brighton (cb). **19 Alamy Images:** Fixed Focus (tl). **20-21 Alamy Images:** Johan Swanepoel. **21 Dreamstime.com:** Stephenmeese (tl). FLPA: Michael & Patricia Fogden / Minden Pictures (tc). **22 Corbis:** Karl Van Ginderdeuren / Buiten-beeld / Minden Pictures (bl). **Fotolia:** Peter Wey (clb). **22-23 Dreamstime.com:** Yuriy Zelenen'kyy / Zrelenenkyyyuriy. **24 Corbis:** David Cavagnaro / Visuals Unlimited (tr). **24-25 Getty Images:** J. Sneesby / B. Wilkins / The Image Bank. **25 Corbis:** Tom Brakefield (tl); Mark Payne-Gill / Nature Picture Library (tc). **26-27 Alamy Images:** FLPA. **27 Alamy Images:** Frans Lanting Studio (br). **Getty Images:** Sandra Leidholdt / Moment Open (bc). **28-29 Getty Images:** Don Baird. **29 Alamy Images:** Nigel Cattlin (br). **Corbis:** Mike Parry / Minden Pictures (tr). **Dorling Kindersley:** Thomas Marent (cr). **30-31 Corbis:** kristianbell / RooM The Agency. **31 Alamy Images:** Sylvain Oliveira (crb). **Getty Images:** Adegsm (br). 32 Alamy Images: blickwinkel / Hartl (bl). **FLPA:** Michael & Patricia Fogden / Minden Pictures (cl). **32-33 Corbis:** Ken Catania / Visuals Unlimited. **34-35 Dreamstime.com:** Pressureua (b). **35 Corbis:** Joseph Giacomin / cultura (tc). **Dreamstime.com:** Studioloco (br). **Science Photo Library:** Cordelia Molloy (tl). **36 Getty Images:** Jonathan Kantor / Stone (tl). **36-37 Dreamstime.com:** Petr Ma ek / Petrmasek. **37 Dreamstime.com:** Emilia Stasiak (tc). Getty Images: Antony Dickson / AFP (tl). **38 Corbis:** Alaska Stock. **39 Corbis:** W. Perry Conway (tr). **Getty Images:** Hakan Karlsson (cr). **42 Alamy Images**: Naturfoto-Online (bl). **Corbis:** Dale Spartas (c). **42-43 Dreamstime.com:** Pavlo Kucherov (b). **iStockphoto.com:** GlobalP. **43 Dreamstime.com:** Kim Worrell (crb). **Getty Images:** Stephen Frink (br). **44-45 Dreamstime.com:** Mikhail Matsonashvili (Water). **Getty Images:** Gerry Ellis / Digital Vision (b). **45 Dreamstime.com:** Orlandin (br). Rex Shutterstock: Mohamed Babu / Solent News (crb). **46-47 Corbis:** Christian Naumann / dpa. **47 123RF.com:** dipressionist (bc); Michael Lane (bl). **48 naturepl.com:** Klein & Hubert (c). 48-49 naturepl.com: Klein & Hubert (c). **49 Alamy Images:** The Natural History Museum (cr). **Corbis:** Stephen Belcher / Minden Pictures (crb). **naturepl.com:** Klein & Hubert (c). **50-51 Dreamstime.com:** Shawn Hempel (c). **51 Dreamstime.com:** Iakov Filimonov (br/pheasant); Alexander Potapov (br). **naturepl.com:** Andy Rouse (tr). **52-53 Alamy Images:** Arco Images / de Cuveland, J. (c). **53 Alamy Images:** FLPA (tc). Dreamstime.com: Gillian Hardy (tr). **Getty Images:** Mint Images / Art Wolfe (cr); Wayne Lynch (tc/arctic tern chick). **54-55 Dreamstime.com:** Sim Kay Seng (c). **54 Corbis:** Mike Danzenbaker / BIA / Minden Pictures (cl). **55 Getty Images:** Tom Robinson (br). **56-57 Getty Images:** Visuals Unlimited, Inc. / Joe McDonald (c). **57 Alamy Images:** Werli Francois (bl). Dreamstime.com: Linkman (cra). **Getty Images:** Visuals Unlimited, Inc. / Dave Watts (crb). **58-59 Getty Images:** Johnny Johnson (c). **59 Alamy Images:** Thomas Kitchin & Victoria Hurst / Design Pics Inc (tc). **Corbis:** Frank Lukasseck (br). FLPA: Flip Nicklin (tl). **60-61 naturepl.com:** Inaki Relanzon (c). **60 123RF.com:** andreanita (bl). **Getty Images:** Ed George (bc). **62 Corbis:** Tui De Roy / Minden Pictures (clb). **Getty Images:** David Haring / DUPC (bl). **62-63 Christine Barraclough:** (c). **66-67 Photoshot:** Biosphoto. 67 Alamy Images: blickwinkel / Hauke (br). naturepl.com: Solvin Zankl (crb). **68-69 Alamy Images:** Reinhard Dirscherl. **68 Alamy Images:** Norbert Schuster / Premium Stock Photography GmbH (bc). **Dreamstime.com:** Sergey Skleznev (bl). **70-71 Corbis:** Visuals Unlimited (b). Dreamstime.com: Irochka (Background). **70 Dreamstime.com:** Marco Lijoi (clb). **71 123RF.com:** Norman Krau (br). **Getty Images:** Ian West (cr). **72-73 Dreamstime.com:** Felix Renaud (b). **Getty Images:** Sylvain Cordier (cb). **naturepl.com:** Brent Stephenson (c). **72 Corbis:** Anthony Pierce / robertharding (bl). **73 Corbis:** Stephen Dalton / Minden Pictures (bc); Joe McDonald (bl). **74-75 Getty Images:** Michele Westmorland (t). **75 123RF.com:** Yutakapong Chuynugul (cr); Marc Henauer (bc). **Corbis:** Jeffrey L. Rotman (cb). **iStockphoto.com:** lilithlita (tr). **76-77 Alamy Images:** Reinhard Dirscherl (b). **Dreamstime.com:** Vdevolder (Background). **77 Dreamstime.com:** Serg_dibrova (crb); Mychadre77 (br). **naturepl. com:** Roberto Rinaldi (cla). **78-79 Ardea:** Augusto Leandro Stanzani (c). **79 Alamy Images:** Marshall Ikonography (cr). Getty Images: Gerhard Schulz (br). **80 naturepl. com:** David Shale (clb, cb). **80-81 Corbis:** David Shale / Nature Picture Library (bc). **81 Getty Images:** Norbert Wu (b). Science Photo Library: Richard R. Hansen (tl); Vincent Amouroux , Mona Lisa Production (tc). **82 Fotolia:** uwimages (c). **82-83 Dreamstim com:** Irochka (Background). **iStockphoto.com:** strmko (c). **83 Corbis:** Dray van Beec / NiS / Minden Pictures (br). **Dreamstime.com:** Camptoloma (tc); Lightdreams (c **Fotolia:** uwimages (cb). **iStockphoto.com:** Dovapi (cr). **Photoshot:** Daniel Heuclin NHPA (tl). **84 Alamy Images:** donna Ikenberry / Art Directors (bl). **Corbis:** Hal Beral (clb **84-85 Alamy Images:** Teila K. Day Photography (c). **85 Photoshot:** (tr). **86-8 Dreamstime.com:** Goce Risteski (c). **86 Alamy Images:** Heather Angel / Natur Visions (bc). **Corbis:** Michael & Patricia Fogden (bl). **87 Dreamstime.com:** Mikhailsh. **8 Science Photo Library:** Alexis Rosenfeld. **89 Dreamstime.com:** Johannes Gerhardu Swanepoel (bl); Bidouze St é phane (bc). **92-93 Alamy Images:** blickwinkel. **93 Alam Images:** David Chapman (ca). **Corbis:** Stephen Dalton / Nature Picture Library (tc). **94-9 Robert Harding Picture Library:** Michael Weber (c). **95 naturepl.com:** Tim Laman National Geographic Creative (br). Rex Shutterstock: Jurgen Otto / Solent News (cr). **96-9 Corbis:** Mitsuhiko Imamori / Minden Pictures. **96 Alamy Images:** Kari Niemel inen (b Paul R. Sterry / Nature Photographers Ltd (clb). **97 Dreamstime.com:** Sakdinc Kadchiangsaen / Sakdinon (tr). **98-99 Alamy Images:** Kim Taylor / Nature Picture Librar **99 Alamy Images:** Frans Lanting Studio (bc); GFC Collection (bl). **100 Alamy Image** David Hosking (bc). **Science Photo Library:** Power And Syred (bl). **100-101 Scienc Photo Library:** Steve Gschmeissner (c). **102-103 Corbis:** Hannie Joziasse / Buiter beeld / Minden Pictures. **102 Corbis:** Dennis Kunkel Microscopy, Inc. / Visuals Unlimite (bc). **103 Corbis:** Stephen Dalton / Minden Pictures (cr); Seraf van der Putten / Buiter beeld / Minden Pictures (br). **104-105 Alamy Images:** blickwinkel / Teigler (c). **10 Alamy Images:** Carlos Villoch / VWpics / Visual&Written SL (cr). **Corbis:** Martin Harve (br). **106-107 Getty Images:** Media for Medical / Universal Images Group (c). **106 Gett Images:** Tim Flach / Stone (c). **107 Alamy Images:** blickwinkel / Hecker (bc). **Corbis** Rene Krekels / NiS / Minden Pictures (bl). **108 Alamy Images:** The Natural Histo Museum, London (b). **Dorling Kindersley:** Natural History Museum, London (tl). **Gett Images:** Tim Flach / Stone (tr); Gerard Lacz / Visuals Unlimited, Inc. (cl). **109 Corbis** Mark Moffett / Minden Pictures (t). **110-111 naturepl.com:** Kim Taylor (c). **110 Corbis** Michael & Patricia Fogden (bl); Hiroya Minakuchi / Minden Pictures (cl). **114 Scienc Photo Library:** Power And Syred (c). **114-115 4Corners:** Andrea Vecchiato / SIME. **11 123RF.com:** rclassenlayouts (cr). **Corbis:** HAGENMULLER Jean-Francois / Hemis (br **116-117 Getty Images:** MarkBridger (c). **117 Alamy Images:** aroona kavathekar (b beetle). **Dreamstime.com:** Xunbin Pan (bc). naturepl.com: John Downer Productior (bl). **118 Corbis:** Ivan Kuzmin / imageBROKER. **119 123RF.com:** happystock (tc **iStockphoto.com:** bucky_za (tl); CathyKeifer (tr). **120-121 Dreamstime.con** Vdevolder (Background). **naturepl.com:** Jane Burton (c). 1**21 Alamy Image** Images&Stories (crb). **iStockphoto.com:** AlasdairJames (br). **122 naturepl.con** Nature Production (cl). **122-123 Corbis:** Patrick Kientz / Copyright : www.biosphoto.co / Biosphoto (c). **123 Corbis:** John Downer / Nature Picture Library (cr). **124-125 Dorlin Kindersley:** Thomas Marent (c). **125 Corbis:** Thomas Marent / Minden Pictures (cr **Dreamstime.com:** Pascal Halder (tr). Science Photo Library: Eye Of Science (bc). **12 127 Dreamstime.com:** Marcin Ciesielski / Sylwia Cisek / Eleaner (c). **126 Corbis** Mitsuhiko Imamori / Minden Pictures (bc); Flip Nicklin / Minden Pictures (bl). **127 Corbis** Frans Lanting (tr). **128 Alamy Images:** Oleksandr Lysenko (bl); Ryan M. Bolton (cl). **12 129 Alamy Images:** Maresa Pryor / Danita Delimont, Agent (c). **129 NASA:** JPL (cr **130-131 Getty Images:** The Asahi Shimbun (c). **131 Alamy Images:** Mark Conlin (br Ernie Janes (bc). **Corbis:** Michael & Patricia Fogden (tr). naturepl.com: Brandon Co (crb). **132-133 Getty Images:** Danita Delimont / Gallo Images (c). **132 Alamy Image** Sohns / imageBROKER (bl). **Getty Images:** MOF / Vetta (bc). **133 Corbis:** Martin Harve (tc). **137 Dorling Kindersley:** Jerry Young (tr). **Dreamstime.com:** Achmat Jappie (b **140 Dreamstime.com:** Vaeenma (bc). **141 Dorling Kindersley:** Greg and Yvonn Dean (bl). **142 naturepl.com:** Roberto Rinaldi (bc); **Fotolia:** uwimages (br). **143 Dorlin Kindersley:** Twan Leenders (br). **145 Dorling Kindersley:** Twan Leenders (tr).

Jacket:

(Key: a-above; b-below/bottom; c-centre; f-far; l-left; r-right; t-top)

Jacket images: Front: **Dorling Kindersley:** Greg and Yvonne Dean tr, Thomas Marent c (Strawberry Poison Dart Frog), Natural History Museum, London tc; **Dreamstime.con** Cynoclub fcla, Achmat Jappie bc, Vaeenma cra/ (cricket); **Fotolia:** uwimages cl **Photolibrary:** White / Digital Zoo bl; Back: **Corbis:** Visuals Unlimited c; **Dorlin Kindersley:** Jerry Young bl

All other images Dorling Kindersley

For further information see: www.dkimages.com